DE L'ÉPARGNE

AVERTISSEMENT

La Société industrielle de Rouen — en son Assemblée générale du 12 janvier 1891 — a émis le vœu que le présent ouvrage soit publié sous son patronage. Elle a, de plus, fait connaître son désir qu'un grand développement soit donné au chapitre consacré aux Sociétés de secours mutuels, au regard de celles de Rouen et des environs.

L'auteur, très honoré de cette marque de haute sympathie donnée à son œuvre, s'est empressé de souscrire aux desiderata ainsi formulés.

Les documents qu'il a reçus lui ont permis de consacrer une petite notice spéciale à chacune des Sociétés de secours mutuels, qui ont répondu favorablement à la demande qui leur avait été adressée au nom de M. le Président de la Société industrielle.

DE L'ÉPARGNE

Par EMMANUEL GOSSELIN

INTRODUCTION

Nous assistons, dans notre fin de siècle, au consolant spectacle d'un mouvement dont l'objectif est le rapprochement entre le riche et le pauvre. Les revendications de l'un cèdent peu à peu devant les résistances de l'autre. On entend partout retentir les mots de *solidarité* et *prévoyance;* le capital et le travail semblent préparer des fiançailles que nous voudrions voir prochaines, et dont l'Europe doit un jour tressaillir de joie. Sans doute, quelques bruits discordants viennent de temps à autre troubler les échos. Dans notre Société, profondément remuée par la Révolution, il n'est pas étonnant d'assister parfois à la manifestation d'impatiences hâtives et d'aveugles aspirations, de voir, çà et là, des déceptions se tourner en révoltes et des conflits d'intérêts attisés par des mobiles et des menées coupables.

A côté de ce bouillonnement des passions, on est heureux d'apercevoir un réconfortant contraste : la sagacité du plus grand nombre qui a le sens juste et profond des véritables progrès.

N'est-ce pas, d'ailleurs, à la puissance d'évolution et au génie civilisateur de notre nation, que nous devons cette ardeur au bien et cet effort puissant et pacifique que l'on constate surtout dans certains grands centres industriels; et cela ne montre-t-il pas que l'harmonie entre employeurs et employés est le puissant levier de la prospérité de tous !

Honneur donc à ceux qui contribuent à cette harmonie, quels que soient leurs instruments de travail : la plume ou l'outil !

La Société industrielle de Rouen, par le programme varié de ses concours annuels et les récompenses qu'elle décerne, montre le haut intérêt qu'elle porte aux questions d'économie sociale et à tout ce qui touche à l'amélioration de l'existence des travailleurs. C'est pour répondre à l'appel qu'elle adresse aux hommes de bonne volonté, que nous soumettons la présente étude à l'appréciation éclairée du Jury de son concours de 1893.

Nous visons le prix LXXIII.

Le chemin de la fortune.

« L'expérience, a dit Benjamin Franklin, tient une école où les leçons coûtent cher; mais c'est la seule où les insensés puissent s'instruire, encore n'y apprennent-ils pas grand'chose : car on peut donner un bon avis, mais non pas la bonne conduite. »

Cette pensée renferme un grand sens.

La vie, en variant les perspectives, nous montre les choses sous un angle différent, cependant que le temps accomplissant son œuvre, remet tout à son point, tout à sa place et donne le recul nécessaire pour apprécier sainement.

Que de gens voudraient pouvoir recommencer leur existence, et combien différente de la première serait la seconde manière de vivre !

Ces réflexions nous amènent à penser qu'au milieu des misères et des défaillances de l'existence laborieuse et de la lutte du travail contre la matière, le travailleur a besoin de boussole, et que le meilleur guide qu'on lui puisse offrir, c'est de lui signaler les œuvres des écrivains qui se sont particulièrement attachés à faire toucher du doigt les immenses avantages de l'instruction et de la moralité, et qui furent de hauts éducateurs.

Notre grand fabuliste mérite, à mon sens, d'être cité en première ligne.

Deux siècles avant Darwin — dont les théories, disons-le en passant, nous sont indifférentes — La Fontaine avait

entrevu la lutte pour l'existence (1). Ses fables sont des
chefs-d'œuvre de littérature, et il en est qui se distinguent
autant par la gravité des idées que par la noblesse du
style. On y trouve plusieurs fois exprimés les bienfaits
d'une entente amicale avec son prochain ; les lois de la
solidarité humaine y sont formulées d'une façon char-
mante, et la morale qui s'en dégage peut se résumer en
quelques mots : Travailler, prévoir, épargner, s'unir dans
un intérêt commun, se secourir réciproquement.

La moralité de la fable : *Le Charretier embourbé*, est
devenue proverbe :

Aide-toi, le ciel t'aidera,

Il faut travailler d'une façon régulière et ne pas
s'attarder dans les amusements. Le *Lièvre* perdit son pari
avec la *Tortue* pour avoir perdu son temps à brouter, à se
reposer, à s'amuser à toute autre chose qu'à la gageure.
La tortue, qui se hâtait avec lenteur, arriva la première :

Rien ne sert de courir, il faut partir à point.

Dans le travail, il faut poursuivre des réalités et ne pas
imiter le chien, *qui lâche sa proie pour l'ombre.*

Chacun se trompe ici-bas :
On voit courir après l'ombre
Tant de fous qu'on n'en sait pas
La plupart du temps le nombre.

Dans la fable : *Le Laboureur et ses Enfants*, La Fontaine
exprime nettement cette double pensée : *que le travail est la
source des richesses et la loi de l'homme.* Dans *L'Ane et le Chien*,
il débute ainsi :

Il se faut entr'aider : c'est la loi de nature.

Et quand il a fini de raconter la dureté de l'âne envers le
chien et la punition qui le frappe, il termine la fable par
la même idée :

Je conclus qu'il faut qu'on s'entr'aide.

(1) Darwin est l'auteur de cette formule brève : « Struggle for life »
(la lutte pour la vie).

Dans la fable : *Le Cheval et l'Ane*, c'est l'âne qui prie inutilement le cheval, et c'est le cheval qui ne tarde pas à se repentir de sa mort. La fable débute ainsi :

> En ce monde, il se faut l'un l'autre secourir;
> Si ton voisin vient à mourir,
> C'est sur toi que le fardeau tombe.

L'union fait la force, ainsi que l'apprend la fable : *Le Vieillard et les Enfants :*

> Toute puissance est faible à moins que d'être unie.

Nous pourrions multiplier ces citations. On n'a que l'embarras du choix : soit qu'il s'agisse du *succès* dans les entreprises, qui appartient aux vigilants, aux adroits, ainsi que nous en avertit la morale de la fable *l'Araignée et l'Hirondelle;* soit qu'il soit question de la *Prévoyance et l'Epargne.* La brutalité de la *Fourmi* au regard de la *Cigale,* si commune parmi les hommes, doit nous mettre en garde contre l'*imprévoyance,* cause de tant d'avanies et de misères.

Enfin, quand le sort nous trahit et entrave nos entreprises, La Fontaine nous enseigne dans la fable : *L'ingratitude et l'injustice des hommes envers la fortune,* que nous n'avons pas besoin d'accuser de nos échecs la fortune :

> Le bien, nous le faisons; le mal, c'est la Fortune :
> On a toujours raison, le Destin toujours tort.

Il n'y a qu'à puiser dans l'œuvre du bonhomme pour y trouver d'excellents conseils exprimés en vers simples et riches à la fois, tantôt sous une forme humoristique, tantôt avec la gravité que comporte le sujet, telle la belle fable : *La Mort et le Mourant.*

Il est un autre bonhomme avec qui, également, l'on n'a qu'à gagner à faire connaissance; c'est à lui que j'ai emprunté ce titre : « *Le Chemin de la Fortune* ». Je veux parler du bonhomme Richard (alias Franklin), dont je m'estime heureux d'avoir l'occasion de propager les conseils et de raconter succinctement l'existence si bien remplie.

Le nom de Franklin méritera toujours d'être donné en exemple aux ouvriers.

Franklin (Benjamin), ouvrier, imprimeur, philosophe, physicien et homme d'État américain, né à Boston le 17 janvier 1706, mort à Philadelphie le 17 avril 1790, a donné la mesure de ce que peuvent l'amour du travail et le désir de s'instruire, quand ils sont servis par une ferme volonté et une haute intelligence.

Il naquit le quinzième de dix-sept enfants.

Malgré les dispositions intellectuelles qu'il marquait, l'humble condition de sa famille borna son instruction au strict nécessaire : lire, écrire et compter; mais l'éducation morale et religieuse qu'il reçut, et surtout les exemples de travail et de scrupuleuse probité dont il était entouré, laissèrent dans son esprit des traces ineffaçables. Comme tant d'autres enfants précoces, il dut aussi quelque chose aux *Vies* de Plutarque, dont il avait rencontré une traduction dépareillée.

Voici ce qu'il écrit en commençant le récit de sa propre vie :

» Depuis mon enfance, j'étais passionné pour la lecture,
» et j'employais à acheter des livres tout l'argent dont je
» pouvais disposer. »

A l'âge de douze ans, sur le conseil de son père, il signe un brevet d'apprentissage chez son frère, imprimeur : il eut par là de nouvelles occasions de lectures qui affaiblirent la foi de son enfance et lui firent perdre (il s'en accuse lui-même) quelque chose de la délicatesse morale dont il ne s'était jamais départi. — Ce jugement de lui-même paraît sévère.

En mauvaise intelligence avec son frère, il rompit son engagement au bout de cinq années d'apprentissage. En 1723, il s'embarqua pour New-York, puis vint à Philadelphie avec un dollar en poche. Il fut employé chez un imprimeur de dernier ordre, et tira un merveilleux parti d'un détestable matériel. Enfin, il trouva à s'établir imprimeur en titre (1728).

Les talents de Franklin lui valurent la clientèle du Gouvernement. Il ne tarda pas à se donner carrière par d'utiles et lucratives entreprises : papeterie, journaux et surtout almanachs populaires. Sous le titre de Richard Saunders (*le bonhomme Richard*), parut en 1732 un recueil de préceptes moraux et pratiques, de connaissances usuelles, etc., dont le succès fut immense.

Dans ses écrits, Franklin ne sépare pas le bien de l'utile, il y insiste sur les vertus qu'il connaissait bien, celles de la sobriété et de l'épargne. La forme ingénieuse et humoristique des maximes ne s'écarte jamais du sens populaire ; aussi ne perd-elle rien à la traduction. Dans un langage qui tient à la fois de la grandeur et de la simplicité, il enseigne la sagesse, et montre aux classes laborieuses le progrès dans le travail, fécondé et conforté par l'instruction, l'épargne, la résignation et le soutien réciproque ; la délivrance par la science, qui faisant toucher du doigt le lien de la solidarité universelle, pénétrant les lois de l'humanité et assujettissant de plus en plus la matière, fondera la dignité de tous les hommes et la vraie liberté.

Franklin procède de La Fontaine : on trouve dans leurs œuvres les mêmes aphorismes.

Franklin créa, au moyen d'une souscription, la première bibliothèque publique que l'Amérique ait possédée ; puis une Académie ; puis une Compagnie d'assurances contre l'incendie. Il contribua également à la fondation d'un hôpital. En même temps il avait appris, pour lui-même, le français, le latin, l'espagnol, l'italien ; il s'était perfectionné dans les éléments des sciences physiques et naturelles, dont les applications ne le séduisaient pas moins que les principes. Il inventa l'*harmonica*, les cheminées économiques, dites à la Franklin, qui témoignaient déjà de son génie observateur et pratique. Membre de l'Assemblée provinciale de Pensylvanie (1736), puis (1737) directeur des postes nommé par la Couronne (ce qui était un emploi lucratif), il eut le temps et les moyens de s'adonner à la haute science. De 1747 à 1752, il inventa la charge par cascades, c'est-à-dire la première batterie électrique ; eut l'idée de la nature véritable de la foudre en faisant l'expérience immortelle du cerf-volant, lancé par son fils, dans laquelle il reçut une décharge qui aurait pu le tuer et qui établit l'identité de la foudre avec l'électricité. Il inventa enfin le paratonnerre.

C'est ainsi que le jeune apprenti typographe, dont nous venons d'esquisser la biographie, s'éleva aux plus hautes situations sociales. Savant et homme d'État, il contribua à l'affranchissement de sa patrie. Il devint successivement membre de la Société royale de Londres, de l'Académie des Sciences de Paris, Ministre plénipotentiaire des États-Unis à la Cour de France.

Franklin fut un grand citoyen, un homme complet qui, de la pauvreté, s'était, par le génie et la vertu, élevé à la fortune et à la gloire.

En France, quand parvint la nouvelle de sa mort, Mirabeau fit décréter à la Constituante un deuil de trois jours.

Nous ne connaissons pas, quant à nous, de meilleur conseiller que le bonhomme Richard. On sent en le lisant que ses conseils partent du cœur et qu'ils ne sont, comme il l'a écrit lui-même, que l'expression « du bon sens de tous les siècles et de toutes les nations. »

Celui qui écrit ces lignes a vécu de longues années avec les ouvriers des forges et des houillères. A la demande de l'un deux, jeune et laborieux travailleur, qui avait lu le titre d'un petit livre : « *La Science du bonhomme Richard* » que je tenais à la main, et qui me questionna sur la nature des conseils que renfermait cet opuscule, j'écrivis pour cet ouvrier, à condition qu'après les avoir lues il les communiquerait à ses camarades, les pages qui vont suivre ; je les ai retrouvées dans mes notes, un soir que j'effeuillais des souvenirs :

— Le bonhomme Richard — lisez Franklin — a tracé d'une façon magistrale le tableau des avantages de l'instruction et de la moralité pour le travailleur. — Il y en a même pour toutes les conditions, des conseils, mais il est entendu que je ne m'occupe ici que de ceux qui s'adressent aux ouvriers.

Il conseille la lecture aux jeunes, qui doivent apprendre non seulement leur métier manuel, mais exercer aussi leur cerveau, qui doit diriger la main et lui commander. L'intelligence appliquée au travail manuel le féconde et augmente sa puissance d'une manière en quelque sorte indéfinie. Il faut en outre avoir du cœur à l'ouvrage. C'est le moyen de faire plus et mieux, et rien ne sert de se plaindre et de gémir sur la misère. L'ouvrier mécontent de son sort et enclin au découragement, ne voit pas les difficultés et les tourments des positions autres que la sienne. Il ne se trouve bien nulle part. Or, pierre qui roule n'amasse pas mousse.

Au lieu de se laisser envahir par le découragement et la désespérance, il faut graver dans sa mémoire ce mot du bonhomme : « Souvenez-vous que Job fut misérable, et qu'ensuite il redevint heureux ».

En dehors et au-delà des nécessités du métier, il faut nourrir notre âme (ce feu qui s'éteint s'il ne s'augmente); il faut cultiver notre intelligence et agrandir le champ de nos connaissances. Il y a dans cette voie toute une mine de jouissances qui sont bien supérieures à celles que donne le cabaret, et de nature à préserver nos loisirs des écarts et des entraînements mauvais. Du reste, faute de lire ou de savoir lire, combien de dispositions natives et de capacité naturelles resteront toujours ignorées et sans emploi au grand détriment de l'individu et de la société, comme ces trésors qui restent enfouis dans les entrailles de la terre, faute d'un coup de pioche pour les amener à la surface.

La société laborieuse est un vaste organisme. L'ignorance, la négligence, les actes mauvais du moindre de ses membres atteignent le corps tout entier. Toute détérioration de produits ou d'outils est une atteinte portée non seulement au capital, c'est-à-dire à la propriété du patron, mais aussi au salaire ou à la propriété de l'ouvrier; car le salaire est alimenté par le capital, et dès que la richesse générale, qui est en quantité limitée et circonscrite, subit une atteinte quelconque, la part afférente à chacun est amoindrie dans une mesure proportionnelle à son atteinte. Les ouvriers sont donc solidaires et responsables vis-à-vis les uns des autres. (Être aux méchants complaisants), c'est être coupable. L'intérêt privé aussi bien que l'intérêt général, et le sentiment du droit et du juste leur font — aux ouvriers — une obligation d'exercer une surveillance et une police efficace vis-à-vis les uns des autres.

Toute consommation inutile, toute destruction de produits est un crime vis-à-vis de tous et de chacun. Aussi bien l'homme, quelle que soit l'œuvre petite ou grande à laquelle il donne naissance, y dépense sa sueur, son effort, sa vertu, et cette œuvre est un véritable prolongement et comme une incarnation de sa personne. Il faudra produire à nouveau ce qui existait déjà et qu'on a détruit, et ce travail renouvelé de Pénélope diminue la somme du bien-être général et particulier, et retarde la marche de l'individu et de la société.

J'ai lu quelque part un conte tiré d'une chanson anglaise qui donne une gracieuse et poétique image de la formation graduelle et successive de tout produit, des peines et des efforts que l'achèvement en a coûté, de la division du travail et de la coopération dans l'œuvre de la production. Ce conte renferme tout l'enseignement économique en raccourci, et il s'en dégage sous une forme exquise et touchante une moralité d'un effet si pénétrant, que je n'hésite pas à le reproduire ici, quoi qu'il soit un peu long et que je risque fort d'en déflorer la grâce et la fraîcheur en le reproduisant de mémoire.

Il y avait une fois un enfant qui prenait un méchant plaisir à tout détruire. Un jour, qu'il avait déchiré sa chemise, il vit une larme dans les yeux de sa mère, pauvre veuve qui n'osait pas le gronder. La nuit il eut un sommeil troublé, et, s'éveillant, il vit sa mère, succombant de fatigue, occupée à raccommoder, à la lueur d'une lampe fumeuse, la chemise déchirée.

Comme le sommeil ne fait guère défaut à cet âge, l'enfant se rendormit et eut un songe.

Il vit des hommes qui, peinant et suant, allaient et venaient retournant la terre. Que faites-vous donc leur demanda-t-il ?

— Nous labourons la terre afin d'y semer du chanvre pour faire des chemises aux petits enfants.

Un instant après, les mêmes hommes étaient en train de répandre de la graine à poignées sur la terre. Que faites-vous ?

— Nous semons du chanvre pour faire des chemises aux petits enfants.

Plus loin il les vit cueillir et ramasser de grandes tiges vertes. Que faites-vous, demanda-t-il encore ?

— Nous cueillons le chanvre pour faire des chemises aux petits enfants.

Le chanvre était ensuite séché, secoué et trempé dans l'eau, et on séchait et on rouissait le chanvre pour faire des chemises aux petits enfants.

Il vit ensuite des jeunes filles qui battaient le chanvre après l'avoir écrasé dans de longues machines en bois. L'atmosphère était toute chargée autour d'elles de poussière et de parcelles de chanvre. Que faites-vous donc, leur demanda-t-il ?

— Nous teillons le chanvre. Oh! le métier est bien dur. Cette poussière de chanvre, que nous respirons, est souvent mortelle. Ces jours derniers encore, nous avons conduit au cimetière une de nos compagnes qui est morte à la tâche. Mais il faut bien teiller le chanvre pour faire des chemises aux petits enfants.

Ensuite venaient des femmes faisant aller leur rouet du soir au matin. Que faites-vous donc ?

— Pouvez-vous le demander, nous filons le chanvre pour donner des chemises aux petits enfants.

C'étaient ensuite des hommes qui faisaient aller la navette et restaient rivés de longues heures à cette tâche, se plaignant du manque d'air et de soleil. Que faites-vous ?

— Hélas ! nous tissons la toile pour faire des chemises aux petits enfants.

Il se réveilla enfin et revit encore sa mère qui, les paupières rougies et n'en pouvant plus de fatigue et de sommeil, achevait de raccommoder sa chemise. Il pleura, et de ce jour comprit que celui qui détruit commet un crime et s'attaque à la substance même de ses semblables.

— Malheureusement, il se rencontre trop souvent des camarades d'atelier qui, au lieu de travailler en apportant du cœur à la besogne, maudissent la nécessité du travail et rêvent une société imaginaire où il n'y ait point de place pour la souffrance.

D'aucuns croient, en effet, qu'il suffit de tirer une ficelle pour que derrière le rideau s'ouvrent des horizons fantastiques et que le monde devienne un Eldorado. D'autres, au contraire, pensent que le progrès n'existe pas, et voient dans la société un écureuil tournant dans sa cage sans jamais avancer.

Ces deux opinions sont à égale distance de la vérité.

Non, aucun des plans d'organisation artificielle de la société que chacun peut avoir dans sa poche ou dans son cerveau ne peut amener l'âge d'or sur la terre.

Non, l'humanité ne roule pas à perpétuité le rocher de Sisyphe ou n'est pas un écureuil tournant dans sa cage. Le mal existe, ce serait folie de le nier, et il suffirait d'un mal de dents pour infliger un démenti à qui en serait tenté. Mais le mal lui-même ou la douleur entre dans le plan providentiel et a sa mission dans l'ordre social comme dans l'ordre matériel.

Il pousse la société en avant par le besoin qu'elle éprouve d'y échapper ou de l'atténuer. Il sert d'aiguillon incessant à l'activité humaine et va se limitant sans cesse par lui-même.

Malgré tout, le progrès général existe et s'affirme nettement par l'histoire.

Sans doute, il y aura toujours des inégalités; nous n'avons pas tous la même intelligence, des organes ou une force musculaire aussi développée. On peut couper les têtes, mais en raccourcissant la taille d'autrui, on ne devient pas soi-même plus grand pour cela. Les castes et l'esprit de caste disparaissent néanmoins de plus en plus, et les inégalités tendent à devenir proportionnelles à la valeur personnelle, au mérite et aux services rendus à la société.

Les artisans ne sont plus enfermés comme autrefois dans un métier d'où on ne pouvait sortir, comme à l'époque où tel ouvrier ne pouvait faire que des boutons et des boutons de telle espèce; tel chapelier des chapeaux de feutre et tel autre des chapeaux de soie ; tel ouvrier coutelier des manches et tel autre des lames exclusivement.

L'égalité civile devant la loi permet à l'ouvrier une amélioration indéfinie de sa condition, et il est plus vrai de dire de lui que du soldat, qu'il a son bâton de maréchal dans sa poche.

L'instruction mise aujourd'hui libéralement à la portée de tous, la moralité et l'épargne, voilà les ressorts de cette amélioration. Il n'y a pas de petites épargnes : un sou mis chaque jour de côté est le filet d'eau devenant une rivière. Vos enfants, si ce n'est vous, pourront, recueillant le fruit de vos efforts, se faire une place meilleure dans la société, dont le mouvement peut être représenté par l'échelle que vit en songe le patriarche Jacob et d'où les anges montaient et descendaient, image de la véritable égalité et de la véritable inégalité.

— Voilà quelque vingt ans que ces pages ont été écrites. Il n'était pas question alors des syndicats professionnels. Une loi est intervenue, en 1884, aux termes de laquelle :

(Art. 2). « Les syndicats ou associations professionnelles, même de plus de vingt personnes exerçant la même profession, des métiers similaires, ou des professions connexes concourant à l'établissement de produits déterminés, pourront se constituer librement sous l'autorisation du Gouvernement. »

Grâce aux syndicats, la classe ouvrière peut maintenir les salaires à un taux relativement convenable, empêcher l'avilissement du prix de la main-d'œuvre et à l'occasion soutenir une grève avec succès; car il faut bien reconnaître que les grèves ne tournent pas toujours au détriment de l'ouvrier. Certaines grèves ont eu pour résultat des augmentations sensibles de salaire et d'autres avantages encore, tels que chauffage gratuit et augmentation de la pension de retraite.

Malheureusement, l'organisation et le fonctionnement actuel des syndicats laissent passablement à désirer à certains égards; ils s'occupent beaucoup trop de politique et pas assez de leurs intérêts professionnels. Ils sont souvent sous la coupe de meneurs cosmopolites, qui s'en servent pour étayer leur fortune politique.

Les meneurs, hâtons-nous de nous en applaudir, n'ont pas de succès dans notre région Normande; leurs incitations n'ont pas prise sur cette population ouvrière de la Seine-Inférieure, qui se distingue par son attachement à ces grands établissements industriels où elle trouve, de père en fils, sans quitter le terroir natal, un travail assuré et rémunérateur. C'est cet attachement mutuel du patron et de l'ouvrier, qui crée l'harmonie familiale entre l'employeur et ses employés.

Nécessité de l'épargne.

L'ARGENT.

Nous venons d'écrire le mot qui cause le perpétuel souci du pauvre monde : l'*argent*.

Le premier besoin de l'homme est de vivre : *primum vivere*. Et l'on ne peut vivre sans argent.

L'homme naît sans argent. Il débarque tout nu dans cette île tournante où le froid, le chaud, la faim, la maladie sont perpétuellement en guerre contre son pauvre corps. Il n'aurait pas douze heures à vivre si la société humaine, composée d'individus de son espèce, ne commençait par lui faire crédit. Cette grande association d'êtres humains possède un capital réalisé sous mille formes. Elle se sent liée à ce nouveau-né par une étroite solidarité; elle lui prête les choses dont il a besoin, dans l'espoir qu'il saura tôt ou tard reconnaître un tel service. En effet, quelques-uns remboursent avec usure le capital qu'on leur a prêté. Un Jacquart, un Parmentier, et plus près de nous, un Boucicaut, un Duthuit, rend des millions pour des sous à la société humaine. Tout compris, on peut dire que l'homme, en moyenne, rapporte plus qu'il ne coûte, puisque le capital social n'a jamais cessé de s'accroître. Et cependant combien d'entre nous meurent insolvables !

Les enfants qui s'éteignent, après avoir consommé sans produire, entravent innocemment le progrès de la richesse publique. L'adulte, qui consomme plus qu'il ne produit, est un malhonnête homme; il fait un tort réel à ses co-associés. Le paresseux, l'imprévoyant qui mange tout ce qu'il a gagné, laisse en souffrance la dette de son éducation; il viole un engagement d'autant plus sacré que la société ne lui a pas demandé de reçu et ne peut exercer aucune contrainte envers lui.

Donc, au point de vue de l'économie sociale, le véritable homme de bien est celui qui s'applique incessamment à produire plus qu'il ne consomme, qui accumule avec soin un capital dont il ne jouira pas lui même, et qui laisse en mourant une augmentation de richesse

à la société. Car l'homme s'en va comme il est venu :
il n'emporte pas d'argent dans la tombe ; les épargnes
de la vie sont le patrimoine des survivants.

Aujourd'hui, que la lutte pour l'existence a pris une si
grande et si impérieuse âpreté, on en est revenu des ridi-
cules déclamations contre le *vil métal*, et les tirades pom-
peuses où l'on vantait le mépris des richesses en daubant
sur l'argent, n'ont plus d'écho.

On n'admire plus guère la sagesse de Lycurgue, qui
bannissait l'argent et l'or comme des malfaiteurs de la
pire espèce. Et si, parfois, nous déclamons encore les vers
de la jolie comédie de Ponsard, *l'Honneur et l'Argent*, ce
n'est que pour l'amour de l'art. On y trouve, du reste, des
vérités à retenir, comme celle-ci, par exemple :

> La richesse est souvent un effet du bonheur;
> Mais on ne doit qu'à soi d'être un homme d'honneur.

Quoi qu'il en soit, les choses de l'existence nous ramènent
fatalement au côté prosaïque. Or, l'argent est une marchan-
dise en échange de laquelle on obtient toutes les autres :
il faut donc en gagner si nous voulons vivre. Et cette
vérité s'applique fatalement aux États comme aux individus;
notre histoire nationale est là qui le prouve, et pas n'est
besoin de remonter bien haut pour y prendre un exemple :

Est-ce que Louis XVI, homme de bien, révolutionnaire
timide mais loyal, n'est pas tombé parce qu'il avait réuni
les États-Généraux ?

Et pourquoi les avait-il réunis ? — Parce qu'il n'avait
plus d'autre moyen de se procurer de l'argent.

Donc, il est permis de conclure que, le jour où il renonce
à équilibrer son budjet, un Gouvernement est perdu sans
ressource, comme un simple particulier aux prises avec la
banqueroute.

Certes, si l'on pouvait supprimer ou simplement éluder
les questions d'argent, nous aurions plus de loisir pour la
culture de notre esprit et la perfection de notre âme. Mais
la première condition de cette vie supérieure serait la
suppression du corps, et c'est précisément l'entretien moral
de ce corps qui nous ramène sans cesse au terre à terre de
la réalité. Il faut le nourrir, le vêtir, le loger, le laver, le
réchauffer, le soigner dans ses maladies, le transporter
d'un point à l'autre ; c'est la tâche qui incombe à chaque
individu. Puis, viennent les obligations que crée la famille,

dont le chef doit pourvoir à son présent et assurer son avenir. Toute la famille a besoin d'argent; l'homme doit en gagner pour sa famille.

Il faut aussi que chacun de nous paie sa part dans les dépenses générales de cette grande association qu'on nomme l'État, le Gouvernement ou le Pouvoir (*Respublica*). Il y a un devoir patriotique à acquitter notre dette envers l'État à qui est confié le soin de gouverner avec sagesse la fortune publique, et pour l'acquitter, cette dette, il faut gagner de l'argent.

Il est enfin une société plus large encore : c'est l'humanité. Tous les hommes dignes d'estime ont légué quelque chose à la société humaine et ont laissé après eux une portion de bien qui profite aux générations futures.

Les grands ouvrages de la paix, le percement des isthmes, l'ouverture des tunnels cyclopéens, la suppression des distances, l'assainissement des marais, l'arrosage des déserts, le défrichement des terres incultes, tout ce qui doit améliorer la condition et reculer la limite de la vie, n'est plus guère qu'une affaire d'argent, de nos jours. Ce n'est plus Hercule, fils de Jupiter, qui dessèche les marais de Lerne, égorge le lion de Némée, étouffe dans ses bras le géant Antée, dompte les Centaures, nettoye les étables d'Augias, etc., etc.; cette noble tâche est dévolue au Titan moderne, au Capital fils du Travail.

Je n'envie en aucune façon les gens qui ont le moyen de se passer toutes leurs fantaisies, de satisfaire tous leurs caprices, mais je ne puis me défendre de jalouser les possesseurs d'un chiffre de millions assez rondelet pour réaliser un de ces rêves qu'a faits, au moins une fois en sa vie, quiconque souhaite pour son pays la prospérité, le bonheur et la gloire.

Sans doute, il n'est pas donné à tout le monde de fonder un hôpital ou de percer un isthme ; non. Mais si dans le présent vous êtes entouré d'hommes pauvres, ignorants, malades, et qu'il soit en votre pouvoir d'améliorer leur sort, travaillez un peu plus, et gagnez un peu plus d'argent pour leur être utile ; vous aurez ainsi montré que vous n'appartenez pas à cette classe de satisfaits qui n'ont d'autre objectif que l'intérêt personnel. Les choses iraient mieux, à coup sûr, s'il y avait, d'un côté, un peu moins d'égoïsme, et un peu moins de souffrances physiques de l'autre.

De même qu'on réduit une fraction ordinaire en fraction décimale, on peut ramener presque toutes les questions publiques ou privées à des questions d'argent.

Il est une chose à noter, c'est la somme exacte à partir de laquelle l'argent commence pour chacun de nous à représenter une valeur et, en réalité, à en avoir une.

Pour les uns cela commence au louis, pour les autres à la pièce de cinq francs, pour le plus grand nombre à la pièce de vingt ou de dix sous. Mais pour personne au simple sou, si ce n'est pour quelques mendiants sans prétention. Autrefois il n'en était pas ainsi ; nous avons entendu parler dans notre enfance du classique bas de laine, qui n'existe plus guère qu'à l'état de légende ; il a été détrôné par la tirelire qui, elle-même, a dû céder la place au moderne coffre-fort.

Beaucoup de travailleurs modestes, dont le salaire est peu élevé, ne songent pas à l'épargne, à cause des difficultés qu'ils éprouveraient à transformer en quelques louis un petit sou amassé au jour le jour. C'est à cette classe de lecteurs que nous dédions ces pages.

L'Epargne

Si l'on ouvre un ouvrage traitant d'Economie politique, et que l'on veuille connaître la définition du mot «épargne», on y apprend que : « l'Epargne est la mise en réserve d'un produit du travail. »

Lorsque la production dépasse la consommation, le sentiment de la prévoyance porte naturellement l'homme à faire des provisions qui sont une réserve pour l'avenir. L'instinct des animaux les porte à faire de même. Tel est le fait psychologique générateur de l'épargne.

Dans les sociétés primitives, le bien mis en réserve est, le plus souvent, un aliment, quelque denrée ou objet de consommation. Dans l'état actuel de notre civilisation, l'épargne porte essentiellement sur le numéraire, la monnaie (métal ou papier) qui est à la fois le signe de la richesse et la richesse la plus usuelle.

L'épargne ne doit pas être confondue avec le capital, dont elle représente une des origines ; pour bien faire saisir la nuance, on dira d'un outil, une machine à vapeur, par exemple, que c'est un capital et non pas une épargne.

L'épargne, par les qualités psychologiques qu'elle implique autant que par sa vertu propre, est une des causes les plus efficaces de l'enrichissement. C'est par l'épargne

que sont fournis les grands capitaux indispensables aux
vastes entreprises de l'industrie moderne, et ils ne peuvent
même être fournis que par la mise en commun de l'épargne
de milliers d'hommes. Aussi est-ce avec raison que l'on
emploie l'expression « d'épargne française » lorsqu'on fait
allusion à la masse de capitaux qu'il a fallu réunir pour
créer nos grands réseaux de chemins de fer et mener à
bien les grands travaux entrepris dans notre pays depuis
un demi-siècle.

Envisagée à sa source, l'épargne est la conséquence
d'un effort volontaire ayant pour objectif la prévision de
l'avenir. Le but poursuivi peut être la satisfaction d'un
besoin futur, ou une augmentation du bien-être pour plus
tard, ou encore une garantie contre des risques (maladie,
vieillesse, mort du chef de famille, etc.), soit enfin la
constitution d'un capital en vue d'entreprises.

Au point de vue individuel, l'épargne est extrêmement
bienfaisante, et il a été réalisé des progrès admirables,
surtout en ce qui concerne la petite épargne. Il faut ajouter,
toutefois, que celle-ci est relativement impuissante au
point de vue social. On comprend aisément que l'utilisation
de l'épargne en vue d'intérêts collectifs n'est efficace,
possible même, que lorsqu'on peut accumuler des capitaux
assez considérables. L'utilisation par l'individu lui-même
est trop souvent impossible. Il faut qu'il loue ses capitaux
à quelqu'un qui soit en situation de les faire fructifier,
soit sous forme d'intérêt à tant pour cent, soit moyennant
une part dans les bénéfices éventuels d'une entreprise
quelconque. Il est regrettable que la plupart des travailleurs
qui sont en mesure de faire de petites épargnes n'en
puissent tirer de résultat utile. C'est malheureusement là la
cause du manque de persévérance chez un grand nombre
d'individus, car il faut un effort persistant de la volonté
non seulement pour prélever sur le salaire quotidien la
faible partie qui constitue l'épargne, mais encore pour la
conserver.

Il faut reconnaître, toutefois, que les sociétés modernes
ont mis à la disposition des plus humbles, plusieurs institutions destinées à favoriser l'épargne et à l'utiliser.

Citons en premier lieu les *Caisses d'épargne*, puis les *Assurances*, qui offrent contre les risques une garantie où
l'épargne individuelle trouve un emploi avantageux, les
Sociétés de secours mutuels, les *Caisses de retraites, de secours*, etc.

Nous consacrerons le chapitre suivant à ces diverses
institutions, pour montrer les avantages qu'elles présentent.

Nous devons dire tout d'abord que l'Etat joue également un rôle considérable vis-à-vis de l'épargne.

Il veille avant tout à la sécurité de l'épargne, surtout de celle des petits ; non seulement il exerce son contrôle sur les établissements qui la recueillent, mais il la favorise et l'encourage par des subventions directes aux Sociétés qui la pratiquent. Pour certaines classes de citoyens, l'Etat rend l'épargne obligatoire, et prélève sur l'impôt des sommes destinées à compléter l'insuffisance des épargnes de ces classes.

Les pensions de retraites au profit des Employés de l'Etat, sont alimentées en partie par la retenue opérée sur leurs traitements ; et l'on propose d'étendre à tous les salariés l'assurance obligatoire.

L'objection que l'on fait à cette conception socialiste du rôle de l'Etat, est qu'elle tarit les qualités morales qui engendrent primitivement l'épargne. On peut aussi lui reprocher d'empiéter sur la liberté individuelle ; mais on ne saurait méconnaître que l'intervention de l'Etat en cette matière a pour guide la plus louable sollicitude.

CAISSES D'EPARGNE.

La Convention nationale, à qui aucune œuvre d'humanité n'est restée étrangère, jeta les bases de cette institution en France, en votant l'article 13 de la loi du 19 mars 1793, ainsi conçu :

« Pour aider aux vues prévoyantes des citoyens qui voudraient se préparer des ressources à quelque époque que ce soit, il sera fait un établissement public sous le nom de *Caisse nationale de prévoyance*, sur le plan et d'après l'organisation qui seront déterminés »

Cette disposition, à laquelle les évènements ne permirent pas de donner suite, resta lettre morte jusqu'en l'an VIII, époque où furent rédigés les statuts primitifs de la Banque de France. On lit dans l'article 5 de ces statuts, datés du 24 février an VIII : « Les opérations de la Banque consistent : ..... 5° à ouvrir une Caisse de placements et d'épargnes, dans laquelle toute somme au-dessus de 50 fr. sera reçue pour être remboursée aux époques convenues. » Mais la mise en pratique de cette clause paraît avoir été limitée à des sommes insignifiantes. C'est en Angleterre que l'idée a surtout fructifié à partir de 1798. Le succès s'accroissait d'année en année lorsqu'un groupe de financiers français entreprit en 1818 d'importer la Caisse d'épargne à Paris. Suivant un acte reçu par Mᵉ Colin de Saint-Menge, notaire à Paris, le 2 mai 1818, MM. *Jacques Laffite, Bernard Boucherot, Perier, Barillot, Flory, Busoni, Guérin de Foncin, Lefebvre, Caccia, Cottier, Luc Callaghan, Guiton, Benjamin, Delessert, Rottinguer, Davillier, Laine, Vernes, Pillet-Will, de Lapanouse, Hentsch, Roux,* arrêtèrent les bases et le règlement d'une Société anonyme sous la dénomination de « *Caisse d'épargne et de prévoyance.* » La Compagnie royale d'assurances (aujourd'hui la Compagnie *La Nationale*), dont les fondateurs de la Caisse de Paris étaient tous administrateurs, dota la Caisse d'une rente de 5 % de 1,000 fr. Aux 50 fr. de rente ainsi donnés à la Caisse d'épargne par la Compagnie royale d'assurances, et qui constituèrent son premier fonds de dotation, vinrent s'adjoindre immédiatement autant de versements de la même importance (1,000 fr. en capital) effectués par chacun des fondateurs. Les statuts furent soumis au Conseil d'État et une ordonnance royale du 29 juillet 1818 autorisa l'ouverture de cette Caisse. Cette Société a continué à fonctionner depuis cette époque et elle constitue la *Caisse d'épargne de Paris.*

Les opérations de la Caisse d'épargne de Paris commencèrent le 15 novembre 1818.

L'exemple donné à Paris ne tarda pas à être suivi dans les départements. Les Caisses d'épargne de Bordeaux et de Metz s'ouvrirent en 1820. L'année 1821 vit naître celles de Rouen, de Marseille, de Nantes, de Troyes et de Brest. Viennent ensuite : Le Havre et Lyon (1822) ; Reims (1823) ; Rennes et Toulouse (1830) ; Orléans, Avignon et Toulon (1833). Au 31 décembre 1836, on comptait 227 Caisses ayant en dépôt 96 millions de francs. D'après les dernières statistiques (*Journal officiel du 22 octobre 1888*), il existe en France 547 Caisses et 954 succursales, formant un total de 1,501 établissements.

Telle est l'organisation des Caisses d'épargne. — Nous rappellerons très succinctement quelle est la nature de leurs opérations.

Tout particulier peut déposer des fonds à la Caisse d'épargne. Ce dépôt est constaté sur un livret établi au nom du déposant, lequel doit mentionner à leur date toutes les opérations effectuées, versements, remboursements, etc. Chaque déposant ne peut avoir qu'un seul livret. Le livret forme le titre du déposant. Les versements ne peuvent être inférieurs à 1 fr. ni supérieurs à 2,000 fr. L'intérêt des dépôts se capitalise au bout d'une certaine période et produit lui-même des intérêts. Le taux des intérêts servi aux déposants a toujours été en raison de celui qui était accordé aux Caisses par l'État; le plus grand nombre des Caisses se contente de la retenue obligatoire de 1/4 fr. °/₀. Si l'Etat accorde 4 °/₀ aux Caisses, celles-ci allouent le taux maximun de 3 fr. 75. D'autres Caisses n'accordent que le minimum de 3 fr. 50. Enfin quelques Caisses exercent une retenue entre ces deux taux extrêmes et donnent à leurs déposants 3 fr. 60 ou 3 fr. 65.

CAISSE D'ÉPARGNE POSTALE.

La Caisse d'épargne postale, qu'on appelle aussi *Caisse nationale d'épargne*, a été instituée en France par la loi du 9 avril 1881, à l'exemple de ce qui a été fait en Angleterre, en Belgique et en Italie. Cette Caisse, qui fonctionne sous la garantie de l'Etat, qui est régie par des fonctionnaires de l'Etat, est une institution publique, à la différence des Caisses d'épargnes ordinaires, qui ne constituent que des établissements d'utilité publique.

De même que les Caisses d'épargne ordinaires, la Caisse postale sert aux déposants l'intérêt de leurs fonds qu'elle place à la Caisse des dépôts et consignations. L'intérêt servi aux déposants est de 3 °/₀, tandis que celui que fournit la Caisse des dépôts est de 3 fr. 25.

Les opérations de la Caisse d'épargne postale sont les mêmes que celles de la Caisse d'épargne ordinaire. Le minimum des versements, comme pour la Caisse ordinaire, est de 1 fr. et le maximun de 2,000 fr.

Cependant, pour donner au public la possibilité de mettre de côté les économies les plus minimes au fur et à mesure de leur production, un décret du 30 novembre 1882 a créé des *bulletins d'épargne* sur lesquels on peut apposer successivement des timbres-poste de 5 et 10 centimes. Lorsque la valeur de ces timbres atteint 1 fr., le bulletin présenté à un bureau de poste quelconque est accepté comme numéraire et porté au crédit du déposant.

Certes, l'idée est ingénieuse; mais l'usage que l'on fait de ce bulletin d'épargne est malheureusement insignifiant.

Nous reproduisons ci-après, à titre de spécimen, un *fac-simile* du bulletin d'épargne; les systèmes ayant pour but d'inciter à l'épargne ne sauraient, selon nous, être trop connus.

MINISTÈRE DU COMMERCE
DE L'INDUSTRIE
ET DES COLONIES

DIRECTION GÉNÉRALE
DES POSTES
ET DES TÉLÉGRAPHES

CAISSE NATIONALE
D'ÉPARGNE

BULLETIN D'ÉPARGNE

A VERSER DANS UN BUREAU DE POSTE QUELCONQUE

POUR UNE SOMME DE **UN FRANC** REPRÉSENTÉE PAR DES TIMBRES-POSTE

DE **5** OU DE **10** CENTIMES

MODÈLE N° **94**

DÉCRET DU 30 NOVEMBRE 1882

Instruction n° 21, chapitre X

Timbre à date
du Bureau où le versement
est effectué

N° du bulletin (1) _____

NOM ET PRÉNOMS DU DÉPOSANT : _____

LIVRET N°ˢ _____ (2). DATE DU VERSEMENT : _____

(1) Ce numéro est celui d'inscription aux livres journaux n°ˢ 4 ou 10 (*premiers versements ou versements ultérieurs*).
(2) En cas de premier versement, ces numéros sont portés à l'arrivée du livret émis par la Direction départementale.

CAISSE D'ÉPARGNE SCOLAIRE.

L'idée de développer chez l'enfant le sentiment de l'épargne, en l'encourageant à verser entre les mains du maître d'école les économies réalisées sur les petites sommes qu'il reçoit de ses parents, a pris naissance en France en 1834. Appliquée dès cette époque à l'école municipale du Mans, elle n'avait pas poussé des racines bien profondes dans notre pays. A partir de 1866 les Caisses scolaires, propagées en Belgique par M. Laurent, s'y développèrent avec une telle rapidité que la plupart des autres contrées d'Europe s'empressèrent de les adopter.

L'habitude de l'ordre, de la sobriété, de l'économie inculquée à l'enfant sur les bancs de l'école est le moyen le plus efficace, dit M. II. Passy, de préparer des générations nouvelles considérablement améliorées dans leur état matériel et moral.

Les adversaires des Caisses d'épargne scolaires objectent que le régime de l'épargne n'a pas les mêmes conditions chez l'enfant que chez l'homme; celui-ci est à la fois producteur et consommateur, l'enfant n'est que consommateur, et comme il ignore la nécessité de la production pour vivre, il ne peut comprendre le mérite de l'épargne. On ajoute et l'objection, selon nous, n'est pas sans valeur, que l'épargne peut provoquer chez certaines natures une émulation dans laquelle les pauvres doivent naturellement succomber. De là peuvent naître l'envie, la jalousie envers les plus favorisés et la tentation de se procurer des sous par des moyens répréhensibles.

Quoi qu'il en soit, si les Caisses d'épargne scolaires se sont multipliées en France jusqu'en 1871 — à cette date on en comptait près de 6,000 — ce n'était sans doute que grâce à l'attrait de la nouveauté. Il faut reconnaître que le mouvement s'est sensiblement ralenti depuis cette époque.

Le Gouvernement ne paraît pas, d'ailleurs, avoir pris parti dans la question. Nous croyons savoir, toutefois, que, dans notre département de la Seine-Inférieure, l'œuvre est recommandée par l'inspection académique et la délégation cantonale scolaire.

CAISSE D'ÉPARGNE DE LOCATION.

Il n'existe pas en France, que nous sachions, du moins, de Caisse d'épargne du genre de celles qui fonctionnent en Suisse et en Allemagne.

L'un des exemples les plus anciens de Sociétés d'épargne de location est la Société fondée en 1853 à Neufchâtel (Suisse).

Toute famille payant un loyer annuel de moins de 250 fr. peut s'affilier à cette Caisse. Chaque affilié verse annuellement, au siège de la Société, la 12e partie de son loyer annuel. Les affiliés sont subdivisés par groupe de 10 familles; leurs versements sont recueillis par une personne nommée par la gérance de la Société. Le loyer de l'immeuble occupé par l'ouvrier est remis tous les semestres, par les soins de la Caisse, au propriétaire.

Il est accordé à chaque affilié payant un loyer annuel de 200 fr. au moins, un intérêt de 10 %; pour la partie supérieure à ce montant, le taux de l'intérêt est réduit à 5 %.

Cet intérêt provient : 1°, et pour la plus petite part, de l'intérêt même produit par les sommes versées dans la Caisse de la Société ; 2°, et en majeure partie, des sommes réunies par des collectes faites parmi les protecteurs de l'œuvre.

Le fonctionnement très régulier de cette Société d'épargne a produit à Neufchâtel les meilleurs résultats.

Une Société similaire, fondée à Dresde en 1880, à réussi au-delà de toute attente. Elle a vu sans cesse grossir le nombre de ses affiliés; le taux d'intérêt, qui était de 10 % au début de la Société, a dû être baissé successivement, par suite de l'importance des sommes encaissées et de l'impossibilité où l'on se trouvait de servir un intérêt aussi fort sur un aussi gros capital. En 1892, le montant des adhérents à la *Miethens-Sparkasse* (*Caisse d'épargne de location*) de Dresde était de 1,104, payant ensemble un loyer annuel de 210,184 marks, soit 262,730 fr. — Pour 1893, l'intérêt a été fixé à 3 %.

Les Sociétés de ce genre contribuent beaucoup à donner à la population ouvrière des habitudes d'économie, d'ordre et de prévoyance. Et les maisons sont mieux entretenues par le locataire.

Observation. — Avant de clore ce chapitre sur les Caisses d'épargne dont nous venons de faire l'historique aussi succinctement que possible, notre rôle de fidèle historien nous oblige de dire ici que la Suisse revendique une part de priorité dans l'invention des Caisses d'épargne.

Un homme célèbre de ce pays, M. Alphonse de Candolle, qui a beaucoup fait pour la prospérité de cette institution, a écrit ce qui suit :

« Une seule ville à ma connaissance, hors de Suisse, peut réclamer en sa faveur la priorité de l'invention. C'est Hambourg, dont la Caisse d'épargne, fondée en 1778, a précédé de neuf ans celle de Berne, et de vingt ans celle d'Angleterre. Toutefois, il paraît que le mérite d'une idée aussi heureuse appartient presque également à Hambourg, à la Suisse et à la Grande-Bretagne, car les fondateurs des premières Caisses d'épargne dans ces trois pays ne connaissaient pas mutuellement leurs tentatives et ne communiquaient pas entre eux. »

Depuis plus d'un demi-siècle qu'ont été écrites les lignes qui précèdent (en 1837), nous devons le constater, le développement des Caisses d'épargne en Suisse a suivi une progression continue et a donné de merveilleux résultats. Ce pays se trouve actuellement au premier rang sur le terrain des Caisses d'épargne. Voici, en effet, ce que les dernières statistiques nous montrent pour les pays étrangers comparés à la Suisse :

Nombre de personnes ayant un Livret de Caisse d'épargne pour 100 habitants ....

Suisse	26,2
France	16,3
Grande-Bretagne	15,2
Belgique	12,8
Autriche	12,1

La supériorité de la Suisse, en matière d'épargne, tient assurément à des causes que l'écrivain cité tout à l'heure indiquait ainsi, il y a 55 ans :

« Par la manière dont elles se sont multipliées les Caisses d'épargne ont contribué à cette diffusion générale de l'aisance, qui est si frappante dans plusieurs cantons de la Suisse. Il est évident que ce pays n'est pas favorisé de la nature sous le rapport des sources ordinaires de la richesse, savoir les fleuves navigables, les ports de mer, les mines de houille, les plaines fertiles et les moyens de transports économiques ; c'est donc dans l'esprit de prévoyance et de persévérance des habitants, c'est dans les institutions que cet esprit a fait naître, qu'il faut chercher les causes d'une prospérité incontestable. »

Il est certain, en effet, que la complète liberté d'action dont jouit chaque citoyen sous les lois de la Confédération Helvétique, seconde à merveille l'esprit du pays et assure à l'initiative privée une libre expansion. Le socialisme d'Etat y est inconnu. Nous aurons occasion d'y revenir plus loin.

CAISSE DES RETRAITES POUR LA VIEILLESSE.

La loi organique de la Caisse des retraites pour la vieillesse date de 1850. Elle fut votée le 28 juin sous un rapport de M. Thiers, du 26 janvier de cette même année. Cette loi créa une Caisse d'assurances en cas de vie ou de rentes viagères différées ; elle fut établie sous la garantie de l'État en faveur des déposants aux Caisses d'épargne et aux Sociétés de secours mutuels. Plusieurs lois successives — loi du 12 juin 1861, 4 mai 1864, 20 juillet 1866 — ont tour à tour modifié le maximum de la rente à inscrire.

Nous donnons ci-après le texte des principaux articles de la dernière loi sur la matière, qui en renferme 28. — Il ne nous paraît pas nécessaire de les reproduire tous, d'autant qu'une instruction pratique résumant les avantages et le fonctionnement de la Caisse nationale des retraites doit être affichée :

1° Dans toutes les mairies ;

2° Dans tous les bureaux des comptables directs du Trésor ;

3° Dans tous les bureaux de poste ;

4° Dans toutes les écoles publiques.

Loi du 20 juillet 1866. — Art. 1er. A partir du 1er janvier 1867, la Caisse des retraites créée par la loi du 18 juin 1850 prendra le nom de Caisse nationale des retraites pour la vieillesse, elle fonctionnera sous la garantie de l'État dans les conditions ci-après énoncées.

— Cet article donne à la Caisse des retraites créée en 1850 le nom de Caisse nationale des retraites pour la vieillesse. En adoptant cette dénomination nouvelle, dit l'exposé des motifs, on a voulu préciser le caractère de l'institution qui s'adresse à tous les citoyens, fonctionne sur l'étendue du territoire et dont les engagements sont garantis par l'État. D'autre part, ajoute M. Tirard, dans son rapport au Sénat, cette dénomination a paru nécessaire pour éviter toute confusion entre les Sociétés privées portant le titre de Caisse de retraites pour la vieillesse, et l'établissement géré et garanti par l'État.

Art. 2. — La Caisse nationale des retraites pour la vieillesse est gérée par l'administration de la Caisse des dépôts et consignations, qui pourvoit aux frais de gestion.

Aucune innovation n'est apportée sur ce point à la règle établie par l'article 12 de la loi de 1850.

Art. 3. — Cet article crée une Commission supérieure de 16 membres chargée de l'examen de toutes les questions qui concernent la Caisse nationale des retraites pour la vieillesse.

Art. 4. — Le capital des rentes viagères est formé par les versements volontaires des déposants.

Cette disposition est empruntée à l'article 2, § 1 de la loi de 1850.

Art. 5. — Les versements sont reçus et liquidés à partir de un franc et sans fraction de franc.

Ils peuvent être faits soit à capital aliéné, soit à capital réservé.

D'après la législation antérieure, la Caisse des retraites ne pouvait recevoir moins de 5 fr. à la fois ni liquider aucune somme inférieure.
Le minimum de 5 fr. (10 fr. pour deux conjoints) constituait ainsi que le fait remarquer l'exposé des motifs, « un capital que le travailleur ne peut parfois atteindre qu'au moyen de privations prolongées, que souvent il désespère de réaliser et plus souvent encore, il est exposé à dissiper avant de l'avoir entièrement amassé ».

Art. 6. — Le maximum de la rente viagère que la Caisse nationale des retraites est autorisée à inscrire sur la même tête est fixé à douze cents francs.

Art. 7. — Les sommes versées dans une année, au compte de la même personne, ne peuvent dépasser 1,000 fr.

Ne sont pas astreints à cette limite : 1° les versements effectués en vertu d'une décision judiciaire; 2° les versements effectués par les administrations publiques avec les fonds provenant des cotisations annuelles des agents non admis au bénéfice de la loi du 9 juin 1853 sur les pensions civiles;

3° Les versements effectués par les Sociétés de secours mutuels avec les fonds de retraite inaliénables déposés par elle à la Caisse des dépôts et consignations.

En aucun cas, ces versements ne pourront donner lieu à l'ouverture d'une pension supérieure à 1,200 fr.

Art. 8. — Les rentes viagères constituées par la Caisse nationale des retraites sont incessibles et insaisissables jusqu'à concurrence de 360 fr.

Cette disposition a été inscrite dans la loi sur la proposition de la Commission de la Chambre des Députés. Le chiffre de 360 fr. a été adopté parce qu'il représente le chiffre alimentaire de 1 fr. par jour. (Rapport de M. Tirard.)

Telles sont les principales dispositions de cette loi, qui sera probablement, et à bref délai, l'objet de nouvelles dispositions législatives.

La question des retraites ouvrières a donné lieu, dans ces dernières années, à une éclosion de projets de loi dûs à l'initiative parlementaire ; ils sont enfouis dans les archives des deux Chambres. On reproche à la plupart de ces projets leur tendance à créer des charges nouvelles patronales ou publiques sans provoquer l'effort individuel de l'intéressé. D'autres projets stipulent la contribution des employeurs et la subvention légale de l'Etat.

En déposant le projet de loi qui a vu le jour en 1891 et qui porte le nom de M. Constans, alors Ministre de l'Intérieur, le Gouvernement s'est inspiré de ces derniers projets. Il a eu pour premier objectif de provoquer le goût de l'épargne parmi les populations, mais il a été l'objet de sérieuses critiques.

Une intéressante analyse de ce projet a été publiée dans le Bulletin de la Société industrielle de Rouen (19e année — n° 6 — novembre et décembre 1891), et nous aurions mauvaise grâce à présenter ici de nouvelles appréciations, d'autant plus que dans un récent discours, M. Constans a déclaré que son projet n'avait pas la prétention de fournir une solution, il a voulu provoquer une discussion approfondie et sommer toutes les bonnes volontés de se produire à propos de cette discussion.

Espérons que la législature actuelle fera aboutir la question. Déjà l'on annonce le dépôt d'une proposition de loi émanée de notre aimable et sympathique collègue de la Société industrielle de Rouen, M. Julien Goujon, député d'Elbeuf, et de M. Isambard, député de l'Eure ; proposition relative à la création et à l'organisation d'une Caisse de retraites pour les vieux ouvriers.

ASSURANCES

Nous n'entreprendrons pas ici de faire un cours sur la matière ; il ne reste plus rien à dire après les œuvres d'écrivains tels que MM. de Courcy, E. About, F. Sarcey, E. Reboul, Bergeron, etc. Ces amis de l'humanité ont démontré depuis longtemps et beaucoup mieux que je ne le puis faire, les avantages du contrat d'assurances sur la vie. Je me bornerai simplement à un résumé qui doit prendre place dans cette étude, parce que l'assurance sur la vie est un excellent moyen pour placer avantageusement ce que l'on peut mettre en réserve du produit de son travail.

On a dit avec justesse que l'homme est un capital qu'il ne doit laisser ni péricliter ni périr. Il est bien évident que celui qui travaille, qui produit, représente un capital, et puisqu'il n'y a pas de revenu sans capital et que l'homme est la source de ce revenu, il est exact de dire que *l'homme est un capital.*

Pour mieux rendre la pensée, prenons un exemple :

Un père de famille occupe un petit emploi où il gagne 5 fr. par jour, cela fait un revenu annuel de fr. 1,800. A 5 pour cent, ce petit employé représente un capital de fr. 36,000. Il serait facile d'étendre le raisonnement, car il y a des milliers de travailleurs produisant à tous les degrés et représentant chacun un capital plus ou moins élevé.

Or, pour constituer ce capital qui, matériellement parlant n'existe pas, les gens sages et prévoyants ont recours à *l'assurance sur la vie.* Ils font absolument ce que fait dans un autre sens le propriétaire d'un immeuble, dont le premier soin est de le faire assurer contre l'incendie ; il a peur qu'un sinistre, qui peut-être n'arrivera jamais, vienne détruire et faire disparaître cet immeuble représentant le capital, source de son revenu.

Supposons que ce même père de famille, au lieu d'un immeuble, n'ait qu'une industrie, un commerce, un emploi, qui lui donne le même revenu que celui qui, dans la première hypothèse, il tire de son immeuble, supposons, dis-je, qu'il vienne à mourir — ce risque est inévitable, tandis que celui de l'incendie n'est qu'éventuel — le capital que son existence représente est anéanti et le revenu à jamais perdu.

Il y a, d'ailleurs, dans cet acte de l'assurance sur la vie, indépendamment des considérations d'économie sociale qu'il éveille, l'accomplissement d'un devoir d'humanité. En effet l'assurance sur la vie, c'est l'héritage pour tous ; depuis l'ouvrier, produisant par son travail manuel, jusqu'au plus haut citoyen, produisant par son travail intellectuel, tous sont la représentation d'une valeur, d'une fortune personnelle, qu'ils ont tout intérêt à capitaliser au moyen d'une assurance sur la vie, afin de laisser ce capital en héritage à leur famille.

Le but de maint contrat d'assurance est aussi de garantir la dot de la femme, ou un prêt, ou encore l'achat d'un fonds de commerce.

On objecte souvent que l'assurance sur la vie est trop chère, que l'épargne à s'imposer est trop forte.

Tout est relatif : l'ouvrier doit être modeste et ne se point créer de charge trop lourde ; il doit consulter ses propres ressources et ne s'assurer que pour un capital dont l'importance soit en rapport avec son revenu réel ou probable.

Il y a plusieurs combinaisons d'assurances sur la vie ; nous consacrerons quelques lignes seulement à celles qui sont le plus fréquemment pratiquées. La *nature* de la combinaison à adopter et la *quotité* du capital à faire assurer doivent dépendre des convenances du souscripteur et, dans certains cas, du bénéficiaire.

Assurance vie entière. — Elle convient au souscripteur qui ne compte que sur son travail et qui veut former un patrimoine pour les siens en prélevant une part minime de son revenu annuel. Le capital est payable au décès de l'assuré. C'est la combinaison dont les tarifs sont le moins élevés.

Assurance à terme fixe.— Cette combinaison convient pour constituer une dot à un enfant, pour rembourser une dette hypothécaire, pour former, en un mot, un capital à une date fixe, que le souscripteur meure ou non avant cette date. Si le décès de l'assuré survient avant le terme fixé pour l'exigibilité du capital, la prime cesse d'être payée.

Assurance mixte. — Excellente combinaison pour le souscripteur qui, tout en songeant aux siens pour le cas de mort, veut constituer pour lui un capital qu'il touchera dans 10, 15 ou 20 ans, s'il vit à l'époque qu'il aura adoptée. Pour l'assurance mixte, le capital est immédiatement payé au bénéficiaire en cas de décès de l'assuré avant le terme prévu dans le contrat.

Assurance temporaire.— Les souscripteurs qui veulent parer au danger de leur mort pendant un espace de temps déterminé, en vue d'une ouverture de crédit, par exemple, adoptent l'assurance temporaire.

Nous conseillerons à ceux qui veulent s'assurer de ne jamais s'adresser à une compagnie étrangère, et voici nos raisons :

1° Parce que l'assurance sur la vie étant en général un contrat à long terme, il exige une complète sécurité à raison de son objet ;

2° Parce que cette sécurité est garantie par nos grandes et riches Compagnies nationales, et qu'elle fait doute pour les Compagnies étrangères, à plusieurs points de vue ;

3° Parce que le patriotisme et l'intérêt personnel nous commandent de laisser en France, à la disposition de nos Compagnies, les capitaux de l'épargne dont elles font un emploi utile pour notre pays ;

4° Parce que, enfin, nous ne devons pas, nous Français, remettre une partie de nos épargnes annuelles à des Anglais, à des Américains, à des Allemands, à des Italiens, pour que cet argent développe la prospérité de peuples qui ne sont pas aujourd'hui nos amis et qui seront peut-être nos ennemis de demain.

Terminons ce chapitre par un autre avis :

Si l'assurance sur la vie est une institution bienfaisante et féconde en heureux résultats, on n'en saurait dire autant de certaine combinaison financière qui a bien aussi pour base la longévité humaine ; nous voulons parler de la tontine.

La tontine, ou l'association tontinière, est une combinaison qui consiste à mettre en commun des sommes d'argent en convenant que le capital ainsi formé, augmenté de ses intérêts, sera partagé, après un certain nombre d'années entre les associés survivants. Ceux qui décèdent au cours de la période convenue, perdent tout droit aux sommes qu'ils ont versées. C'est le contraire de l'assurance.

Un écrivain d'un grand talent a défini la tontine en deux mots : *mauvaise action, mauvaise affaire.*

Le public a ratifié ce jugement sévère, puisque de toutes les tontines qui ont été fondées depuis le commencement de ce siècle il n'en subsiste plus qu'une seule, et l'on a prédit sa disparition prochaine. Bien peu de gens en prendront le deuil.

LES HABITATIONS OUVRIÈRES

En 1864, M. Duruy, alors Ministre de l'Instruction publique, visitant la cité ouvrière de Mulhouse, adressa cette question à la femme d'un ouvrier dans la maison où il se trouvait :

— Où votre mari passe-t-il ses soirées ?

— Avec nous depuis que nous avons notre maison, répondit la femme.

Ce propos a été souvent reproduit et, pour notre part, nous l'avons cité dans un travail sur la matière paru dans le Bulletin de la Société industrielle de Rouen (1).

---

(1) *Les Habitations économiques,* Bulletin de la Société industrielle de Rouen — 10° année — n° 5 — Septembre et Octobre 1882, page 480 et suivantes.

Est-il, en effet, pour l'ouvrier économe, de plus riante perspective que celle de devenir propriétaire de la maison qu'il habite, et de réaliser le vœu du poète, de pouvoir un jour :

Dans sa maison à soi goûter l'ombre et le frais!

Eh bien, c'est encore au moyen de l'assurance-vie que cette perspective peut devenir une réalité.

Sur ce point, la Belgique nous fournit un exemple bon à imiter.

Voici comment on procède dans ce pays, sous l'empire d'une loi votée il y a 4 ans :

Un travailleur honnête et probe, recommandé par le Comité de patronage institué de par la loi, et possesseur, à l'âge de 30 ans, d'une somme de 400 fr. fruit de ses économies, a le désir de faire bâtir, ou d'occuper immédiatement et posséder plus tard une maison de 2,000 francs.

La Société acceptera cette première mise de 400 fr. et au moyen d'une nouvelle somme de 1,600 fr qu'elle aura obtenue de la Caisse d'épargne, elle achètera ou fera construire la maison convoitée.

L'ouvrier se libèrera de la façon suivante :

1° Pour l'emprunt de 1,600 fr. il aura à payer un intérêt au taux de 4 %, soit 64 fr. par an.

2° En même temps, il contractera avec la Caisse d'épargne une police d'assurance mixte sur la vie, engageant la Caisse à lui payer 1,600 fr., soit son dû, au bout d'un terme de 15 années — ou à ses héritiers si l'assuré est décédé avant ce terme.

De toutes façons le payement de la maison se trouve garanti.

Du chef de l'assurance, l'ouvrier, âgé de trente ans, paye en Belgique (1) une annuité de 94 fr. 25, soit avec les intérêts dont nous venons de parler (64 fr.), une annuité de 158 fr. 25 ou 13 fr. 19 par mois.

Or, en Belgique, cette somme de 13 fr. 19 par mois, qui ne représente le salaire que de quatre journées de travail, permet à l'ouvrier de devenir propriétaire, au bout de 15 années, d'une maison saine et relativement confortable.

J'estime que l'on pourrait arriver au même résultat, en France, sans recourir à des mesures législatives.

(1) Nous ignorons si, en Belgique, les tarifs des Compagnies d'assurances sur la vie ont été majorés, comme ils viennent de l'être chez nous à partir du 1er janvier 1894.

Le concours de banques populaires, ou de Sociétés coopératives dues à l'initiative individuelle, à l'association privée, permettrait d'emprunter au système belge ce qu'il a, à mon sens, d'éminemment pratique, à savoir : l'assurance-vie comme garantie du payement de l'habitation ouvrière.

SOCIÉTÉS DE SECOURS MUTUELS.

Les Sociétés de Secours mutuels sont nées de l'un des plus nobles sentiments du cœur humain : la fraternité.

Ce mot, qui nous vient de la langue d'*Horace* et de *Virgile*, est d'une poétique ampleur ; il s'étend à la confraternité, à la fraternité entre chrétiens, à l'union entre les peuples. Il figure au frontispice de la Constitution de 1791 ; il est gravé sur nos monuments publics où il forme avec ces deux autres mots : liberté, égalité, notre devise nationale.

Les Sociétés de Secours mutuels tirent leur principe des besoins du peuple ; c'est par lui et pour lui qu'elles ont été formées ; elles ont un but et un caractère foncièrement démocratique. Ces Sociétés forment un terrain neutre où se rencontrent des hommes de cœur, qui peuvent être divisés ailleurs par leurs opinions et certains préjugés, mais qui dans le sein de leurs réunions apprennent à s'aimer en s'unissant pour faire le bien.

Le but des Sociétés de Secours mutuels est d'assurer aux membres participants une pension de retraite, au moyen de leurs cotisations mensuelles et des volontaires subventions des membres honoraires.

Si l'on ne peut considérer les Sociétés de Secours mutuels comme des œuvres de bienfaisance, par cette raison que les subsides répartis entre leurs membres proviennent du fonds commun qu'ils ont constitué eux-mêmes par leurs cotisations, elles n'en sont pas moins une manifestation puissante de ce grand mouvement que je signalais à la première page de cette étude, et qui, sous des formes variées, pousse les classes laborieuses à chercher par elles-mêmes, au prix d'efforts et de sacrifices, l'amélioration de leur sort.

Nous ne connaissons pas de meilleure méthode d'économie que celle des Sociétés de Secours mutuels. Elle a le mérite d'affranchir les sociétaires d'une tutelle quelconque et de grouper des travailleurs économes qui, après avoir gravi les sentiers ardus de l'existence, auront la joie de vivre leurs derniers jours, sans souci du lendemain, en mangeant le pain qu'ils auront gagné, et ce pain-là semble toujours le meilleur.

Ce qui donne aux Sociétés de Secours mutuels le puissant appui dont elles sont l'objet de la part de personnes fortunées, qui tiennent à honneur d'en faire partie au titre de membres honoraires, c'est que les membres participants se recrutent parmi l'élite des artisans et des ouvriers prévoyants, de ceux-là qui, imbus des meilleurs principes, placent le bonheur dans le travail, et que l'on voit, après le labeur quotidien, regagner prestement le foyer familial pour goûter au sein de la famille la satisfaction du devoir accompli.

Nous ne rappellerons pas ici les débuts des Sociétés de Secours mutuels, qui, jusqu'en 1852, ont eu surtout une existence de fait. Un décret de 1852 forme la base de leur législation; il a été modifié par une loi de 1856.

L'état ne permet à ces Sociétés de conserver qu'une faible partie de leurs capitaux; il les contraint à lui en confier le surplus dont il détache la portion destinée au service des retraites pour les verser à la *Caisse nationale des retraites*, et il majore cette portion par une dotation proportionnée à l'importance des versements et à l'âge des participants.

Les intérêts que la Caisse de dotation doit aux Sociétés de Secours mutuels s'élèvent annuellement à 510,000 fr.

La dotation de 1893 a été fixée à 725,000 fr.; la dotation demandée pour 1894 est de 1,175,000 fr. Le Gouvernement demande en plus 400,000 fr. pour atténuer, partiellement, le préjudice causé aux Sociétés de Secours mutuels par le décret de 1891 qui a réduit de 4 à 3 1/2 % le taux de l'intérêt composé du capital nécessaire pour constituer les pensions viagères servies par la *Caisse nationale des retraites pour la vieillesse.*

Au 1er janvier 1893, l'avoir des Sociétés de Secours mutuels à la Caisse nationale des retraites s'élevait à 98,000,000 fr., dont 54,500.000 fr., étaient employés à servir 2,200.000 fr., de pensions à plus de 30,000 retraités.

Bon nombre des présidents de ces Sociétés assurent de très bonne foi que leurs Sociétés auraient atteint à la puissance et au développement voulus pour que toute combinaison légale étrangère à elles-mêmes en vue des retraites des salariés fut inutile et superflue, le jour où elles auraient conquis la liberté d'association, la liberté de placement de leurs fortunes, leur droit entier à recevoir tout legs et dons, sous le simple contrôle légal de la régularité de leurs gestions.

Au 31 décembre 1891, on comptait en France 2.551 Sociétés autorisées se composant de 357,726 sociétaires, dont 25,207 membres honoraires ; elles avaient dépensé dans l'année 6,992,282 fr., réalisé un excédant de recettes de 962.854 fr., et possédaient 33,245,874 fr.

A la même époque, les Sociétés approuvées et les Sociétés reconnues d'utilité publique, étaient au nombre de 6,863 ; elles comptaient 1,114,559 sociétaires, dont 184,143 membres honoraires. Leurs dépenses, en 1891, dépassaient 21 millions, en laissant trois millions et demi d'excédant de recettes.

Le *Journal Officiel*, du 26 novembre 1893 publie un rapport du Ministre de l'Intérieur sur les Sociétés de Secours mutuels en 1891. Le nombre des Sociétés approuvées a été de 6,863, en augmentation de 189, avec 179,197 membres honoraires et 911,955 participants, — 21,685,719 fr., de recettes, — 19,391,144 fr., de dépenses, — 29,907 pensionnaires touchant 2,178,404 fr., et un capital de 150,342,075 fr., en augmentation de 8,663,139 fr., sur l'année 1890. Les Sociétés simplement autorisées sont au nombre de 2,470, en augmentation de 81, avec 25,207 membres honoraires et 336,519 participants, — 8,955,070 fr., de recettes, — 6,991,220 fr., de dépenses, — et 33,245,876 fr., de capital. Les frais de maladie se sont abaissés, pour les Sociétés approuvées, de 44 fr.49 en 1882, à 40 fr. 25 en 1892, et, pour les Sociétés autorisées, de 50 fr. 12 à 41 fr. 38. Dans la Seine, la moyenne est plus élevée et reste à 55 fr. 85 contre 65 fr. 11 en 1882.

De tels chiffres disent éloquemment combien sont consolants les effets de l'association basée sur la mutualité.

Les Sociétés reconnues d'utilité publique ne sont pas nombreuses; on n'en compte que 10 en 1890.

Une des plus importantes, et qui mérite une mention spéciale, est l'*Emulation chrétienne de Rouen*.

Cette Société, qui a publié son bilan arrêté au 31 décembre 1891, avait, à cette date, employé en achat de rentes pour ses retraités, une somme de 1.194.783 fr. Et pour secours aux malades et aux vieillards, celle de 1.656.237 fr. 74. Son avoir social, au 1er mars 1892, était de 582.012 fr. 99.

Elle avait reçu comme dons ou legs, savoir :

150,400 fr. de sociétaires perpétuels auxquels elle décerne le titre de « *bienfaiteurs.* »

18,000 fr. de sociétaires à vie.

(Nous ignorons l'importance des dons de ses membres honoraires ; elle doit être considérable).

Les principales obligations des sociétaires sont les suivantes :

« Paiement, lors de l'admission, d'une somme de 0 fr. 50, 1, 2, 3 ou 5 fr. suivant l'âge.

« Paiement annuel d'une somme de 9 fr. pour les enfants de 6 à 12 ans ; de 10 fr. 20 ou de 12 fr. pour les femmes et jeunes gens de 12 à 15 ans ; de 13 fr., de 15 fr. ou de 18 fr. 60 pour les hommes. (Cotisation supplémentaire de 3 fr. par an pour les femmes s'assurant le droit à la retraite) ; cette cotisation est obligatoire pour les femmes admises depuis le 12 avril 1886, »

Fondée en 1849, l'*Emulation chrétienne de Rouen* a la bonne fortune d'avoir à sa tête comme président, depuis 22 ans environ, un homme qui possède le double talent d'orateur et d'écrivain et en qui s'allient l'énergie, la persévérance et la ténacité. Il ne se contente pas de poursuivre avec la plus vive sollicitude l'œuvre qu'il a su mener à un si haut degré de prospérité et qui lui doit ses succès les plus intimes, on le voit porter dans les Congrès mutualistes l'autorité de sa parole convaincue et entraînante et y défendre les véritables principes de la mutualité française. Il est le délégué d'un grand nombre de Sociétés qui toutes rendent hommage à sa haute compétence, et qui savent apprécier son esprit de concorde et d'union. On lui a décerné un titre qui résume, mieux que je ne le saurais faire, l'œuvre qu'il accomplit ; on a nommé M. Vermont, l'*apôtre de la Mutualité*. — Je suis heureux de lui adresser ici un sympathique souvenir.

— Ce qui contribue puissamment à la prospérité des Sociétés de Secours mutuels, ce sont les libéralités extrasociales. Les Sociétés qui n'ont pour alimenter leur budget que les cotisations de leurs adhérents, ont besoin d'être administrées sagement et habilement, ce n'est qu'à cette condition qu'elles peuvent produire des résultats satisfaisants. — La mutualité a pour base un principe excellent en soi, mais la pratique enseigne que la réussite ne s'obtient que par la pondération des forces sociales.

Il est une seconde Société à laquelle nous sommes heureux d'offrir une mention qu'elle mérite à plusieurs titres ; c'est la Société l'*Alliance* (de Rouen).

Fondée le 1er janvier 1850, par la fusion de deux anciennes Sociétés, la Société de Secours mutuels l'*Alliance* (de Rouen) a vu, depuis sa fondation, son capital progresser d'année en année : de 19,062 fr. 08 qu'il était au 1er janvier 1850, il atteignait, au 31 décembre 1892, le chiffre de *152,727 fr. 75* (y compris les sommes accordées par le Gouvernement au fonds de retraite).

Le nombre des membres participants s'élevait au 31 décembre 1892, à 604.

Les avantages offerts aux sociétaires sont les suivants :

« Moyennant une cotisation de 45 centimes par semaine, le sociétaire a droit à une indemnité de maladie de 1 fr. 50 par jour, soins médicaux, frais pharmaceutiques et funéraires, pensions de retraites de 200 fr. à 64 ans. *Chaque associé a également droit aux soins médicaux pour sa femme et ses enfants.* »

Le tableau dressé au 31 décembre 1892 des recettes et dépenses effectuées par l'*Alliance* (de Rouen), du 1er janvier 1850 au 31 décembre 1892, est fort instructif ; il permet d'apprécier la science administrative des hommes placés à la tête de cette Société. Non seulement la disposition méthodique des chiffres rend très synoptique l'ensemble des opérations, mais l'examen de détail montre le souci que l'on a eu constamment d'équilibrer les ressources et les dépenses de façon à réaliser sur chaque exercice un boni proportionnel. C'est ainsi que l'on arrive à n'avoir jamais de déficit.

Voici le résumé des opérations de l'*Alliance* (de Rouen) durant cette période de 42 années, de 1850 à 1892 :

RECETTES

Subventions, dons et legs	24.456 fr. 88
Cotisations des Membres honoraires	18.652 20
Cotisations des Membres participants	253.431 . »
Amendes	390 50
Droits d'entrée	7.009 30
Intérêts des fonds placés	58.190 28
Intérêts touchés sur le fonds de Retraites	18.599 86
Recettes diverses	11.886 85
Total	394.616 fr. 87

DÉPENSES

Frais de gestion	21.235 fr. 85
Honoraires des médecins	53.957 50
Secours aux malades	111.660 58
Frais d'inhumations	10.660 »
Frais pharmaceutiques et bains	35.522 45
Pensions aux vieillards	79.276 »
Pensions aux infirmes	6.853 90
Dépenses diverses	12.154 89
Total	311.321 fr. 17

Cette situation financière est éloquente.

On remarquera surtout combien sont peu élevés les *frais de gestion* : 500 fr. environ par an. De tels résultats sont dûs à la fixité dans les idées et surtout à la stabilité dans les fonctions.

Le sympathique et dévoué président de l'*Alliance* (de Rouen) occupe ce poste d'honneur depuis 22 ans, après avoir été 15 années secrétaire-trésorier. Il est l'âme de la Société, sa valeur comme administrateur est encore rehaussée par sa modestie, et, au risque de troubler cette dernière, je me décide à le nommer et à adresser ici à mon ami, M. Crampon, président de la Société de Secours mutuels l'*Alliance* (de Rouen), Officier d'Académie, mes très cordiales félicitations.

— M. Crampon ne borne pas à cette Société l'*Alliance* (de Rouen), le concours généreux qu'il lui donne, il est également président de l'*Association mutuelle des Femmes de Rouen*, qui a à sa tête, comme fondateur et président d'honneur, notre éminent collègue de la Société industrielle, M. Ricard, le sympathique député de Rouen. — Cette *Association mutuelle des Femmes de Rouen*, qui est la première, dans son genre, qui ait été fondée en France, n'est, certes, pas aussi connue dans notre ville qu'elle mérite de l'être.

Association des Demoiselles employées dans le Commerce. — Fondée à Rouen et approuvée par arrêté préfectoral du 30 septembre 1891, cette Société de Secours mutuels a été formée sur le modèle d'une œuvre similaire déjà existante à Paris. Son but est éminemment moralisateur.

Il s'agit de soustraire aux dangers auxquels sont exposées, dans les grandes villes surtout, les jeunes personnes dont la profession nécessite l'éloignement du foyer familial.

Nous lisons dans l'intéressant préambule des statuts cette phrase qui nous dispense de plus amples détails quant au but de l'œuvre :

L'œuvre s'est placée à Paris, dès ses débuts, avec sécurité et reconnaissance sous la tutelle de l'État, et elle s'incline avec respect et amour sous les bénédictions de cette religion qui a toujours montré tant de sollicitude pour la jeunesse.

Nous ajouterons que ce qui milite en faveur de cette Association, ce qui lui donne une supériorité particulière, c'est que sa maison est une maison de famille pour les pupilles qui, n'ayant aucune relation et ne sachant où aller lorsque le magasin est fermé, trouvent cette maison ouverte tous les dimanches. Elles reçoivent là la nourriture du corps à un prix relativement très modique — la table est frugale et saine; — et leur esprit se réconforte dans une atmosphère de vertus.

Les autres avantages que l'œuvre assure à ses membres sont les mêmes que ceux que les diverses Sociétés de Secours mutuels procurent :

1° Soins du médecin et médicaments, en cas de maladie, séjour gratuit à la maison de l'œuvre pendant un mois ;

2° A celles des sociétaires qui sont sans place, la Société offre un lit gratuit à la maison de l'œuvre, autant que le local le permet, et, moyennant rétribution, la nourriture ;

3° La Société assure à chaque Sociétaire décédé un convoi convenable, dans sa paroisse, et une sépulture temporaire ;

4° Les Sociétaires qui, par suite d'infirmités ou d'accidents graves, se trouveraient dans l'impossibilité d'exercer leur profession, pourront obtenir un secours prélevé sur le fonds de réserve ;

5° L'organisation de la Société se complète par la création d'une Caisse destinée à servir des pensions de retraite à celles des sociétaires qui auront atteint l'âge de *cinquante ans* et qui compteront *vingt années* de sociétariat.

La Société ne comptant que deux années d'existence, nous ne nous arrêterons pas aux détails de sa situation financière ; nous dirons simplement qu'elle est satisfaisante et en bonne voie de progrès.

Il nous est particulièrement agréable d'offrir à cette Société naissante la publicité dont nous disposons.

Nous engageons vivement nos lecteurs à recommander chaleureusement cette Association ; et nous avons pris un vif plaisir à lire ses modestes statuts ; il s'en dégage un parfum d'honnêteté qui repose des programmes frivoles.

Compagnie des Sauveteurs Rouennais médaillés de l'Etat. — Nous n'aurons pas grand effort de rédaction à faire en ce qui touche cette intéressante Compagnie, grâce à l'obligeance empressée de la distinguée secrétaire de l'œuvre, qui nous a fourni des documents où la calligraphie embellit la clarté. Permettez-nous, Mademoiselle, de vous offrir ici nos bien sincères remerciements.

La Compagnie des Sauveteurs Rouennais médaillés de l'Etat a été fondée en 1855 et sanctionnée par plusieurs arrêtés préfectoraux. Pendant les vingt-cinq premières années de son existence, elle éprouva, paraît-il, des difficultés morales et financières ; mais la persévérance de

plusieurs membres et des donations généreuses triom-
phèrent de ces épreuves. Plus tard encore, en 1882, à la
mort du président fondateur, de nouvelles démissions
vinrent mettre en péril l'Association. Mais la nouvelle
présidence sut, par des efforts patients, ramener la concorde
qui n'a plus été troublée depuis.

Le but de la Compagnie est : 1° d'encourager les actes
de sauvetage et de dévouement ; 2° d'établir des liens de
solidarité entre ses membres ; 3° de donner les soins
nécessaires à ses membres participants dans leurs
maladies ; 4° de leur payer une subvention pendant la durée
des maladies, suivant les conditions déterminées ; 5° de
contribuer à la dignité et aux frais de leurs funérailles ;
6° de constituer une caisse de pensions viagères de retraite
pour leur vieillesse.

Les adhérents résident dans l'arrondissement de Rouen
ou y résidaient lors de leur admission. Ils appartiennent
à diverses professions et occupent des situations différentes.
La Compagnie admet des membres honoraires ou bienfaiteurs ; et, à titre honorifique, des pupilles, des membres
affiliés et des vétérans ou membres retraités. Elle accepte
les deux sexes. Les enfants ne peuvent être que pupilles.

Le nombre des membres honoraires était de 113 au
31 décembre 1893, celui des participants ou compagnons
était de 115. Le nombre des retraités est de 12.

La situation financière progresse constamment.

Le capital disponible au 31 décembre 1893 est constitué
ainsi qu'il suit :

Espèces en caisse..............	90 fr. 35	
A la Caisse des Dépôts et Consignations....................	31.700 »	38,230 fr. 43
Rentes sur l'État..............	6,440 03	
L'accroissement du capital, durant l'année 1893, a été de...............................		2,757 37

Le fonds de la caisse des retraites s'est accru également
pendant l'année 1893 de 1,600 fr. Il est actuellement de
76.900 fr. environ. Si l'on ajoute ce dernier chiffre à celui
de la réserve (38,140 fr.), on voit que la Compagnie des
Sauveteurs Rouennais médaillés de l'État offre l'exemple
rare, dans l'ensemble de la mutualité française, d'une
Société possédant 1.000 fr., par unité de membre
participant.

Depuis 1855 jusqu'à ce jour, le registre matricule du
Livre d'or des Sauveteurs Rouennais compte 775 noms.

En trente-sept années, le nombre des sauvetages accomplis par des membres de la Compagnie a excédé *sept cents.*

Indépendamment des nombreuses et hautes distinctions honorifiques décernées à ses membres, la Compagnie a obtenu :

— Au grand concours de l'Exposition internationale de Bruxelles, 1888, « *un diplôme de médaille en argent a été décerné à la Compagnie des Sauveteurs Rouennais médaillés de l'Etat* ».

— A l'Exposition universelle de Paris, 1889, « *une médaille d'argent a été décernée à la Compagnie des Sauveteurs Rouennais médaillés de l'Etat : Président M. le D^r Le Plé* ».

La devise de la Compagnie est : « *Sauver ou Périr* ».

C'est généreux, crâne, stoïcien !

La Prévoyance Mutuelle — Société d'Employés de Commerce, d'Industrie et d'Administration de la ville et de l'arrondissement de Rouen. — Cette Société de Secours mutuels a été fondée en 1864 et approuvée par divers arrêtés préfectoraux.

Elle a pour but :

1° De maintenir la moralisation, l'esprit d'ordre, de prévoyance et de bonne confraternité entre les sociétaires ;

2° D'atténuer les inconvénients de manque d'emploi en s'aidant mutuellement de renseignements ou d'appuis auprès des chefs d'administration ou de maisons de commerce ;

3° De donner une indemnité pour subvenir aux dépenses nécessitées par les maladies ;

4° De constituer des pensions de retraite conformément au décret du 26 avril 1856 ;

5° De pourvoir aux frais funéraires ;

6° D'accorder un secours aux veuves et aux orphelins mineurs des sociétaires décédés ;

La Société se compose de membres honoraires, de membres participants et de membres stagiaires.

Toutes les classes d'employés sont admises, quelle qu'en soit la dénomination.

Il résulte des documents que nous devons à l'empressement aimable du distingué Président de la Société, M. Charles Lacoste, que le nombre des membres honoraires était, au 31 décembre 1892, de 150, parmi lesquels figurent de hautes personnalités.

Le nombre des sociétaires participants était, à la même date, de 584. Il y avait alors, 33 retraités et 19 postulants stagiaires. Au total : 786 sociétaires.

Les tableaux synoptiques des opérations de la Société, depuis sa fondation (11 septembre 1864), sont forts éloquents :

En 12 années, de 1881 à 1892, les recettes annuelles se sont élevées progressivement de 31,683 fr. 30 (1881) à 49,488 fr. 44 (1892).

Le capital de la Société, au 31 décembre 1892, était de *475,120 fr. 32.*

Au 31 décembre 1893, la situation financière présente un actif de 504,759 fr. 17, dont un capital de 172,197 fr. servant à l'alimentation de 37 pensions.

Une telle situation est le meilleur éloge que puissent ambitionner les hommes distingués qui administrent la Société *La Prévoyance Mutuelle de Rouen.* De tels résultats disent bien haut combien précieux sont les avantages que procure la mutualité sagement pondérée, en même temps qu'ils font toucher du doigt les bienfaits pécuniaires et moraux qui en découlent.

Société des Hospitaliers Sauveteurs Bretons de Rouen. — Existant à Rouen depuis 1874, la Société des Hospitaliers Sauveteurs Bretons a été reconstituée en Société régionale libre et approuvée par M. le Préfet de la Seine-Inférieure le 31 juillet 1850.

Ses statuts ont été complètement modifiés et approuvés par arrêté préfectoral du 14 novembre 1893.

Elle a pour but :

1° De former entre les membres adhérents, une Société de Secours mutuels et de sauvetage avec caisse de retraite. Elle a pour circonscription l'arrondissement de Rouen;

2° De fonder l'union des classes sociales en encourageant au bien par l'émulation des belles actions et la pratique des vertus publiques et privées, de dévouement et d'humanité d'où naît le patriotisme ;

3° La Société a en outre pour but :

D'assurer les secours au public dans le feu et l'eau et sur la voie publique par les sauveteurs, isolément ou collectivement, au moyen de stations et postes de sauvetage ou autres moyens jugés nécessaires.

Elle se recrute dans tous et ne sert qu'une cause, celle de l'humanité. Elle admet des sociétaires hommes et des sociétaires femmes.

Elle assure aux sociétaires :

1° Les soins du médecin et les médicaments aux membres titulaires et participants malades ;

2° Une indemnité pendant la durée de la maladie ;

3° Une indemnité de frais funéraires ;

4° La constitution d'une caisse de pensions viagères de retraites conformément au décret du 26 avril 1856.

La Société se compose de membres bienfaiteurs, de membres honoraires, de membres titulaires et de membres participants.

Elle accepte les dons de toutes les personnes bienfaisantes qui veulent bien concourir à sa prospérité.

1° Les membres bienfaiteurs sont ceux qui consentent à verser à la Société une souscription annuelle de 50 fr.

2° Les membres honoraires obtiennent ce titre en versant une cotisation annuelle *minima* de 10 fr.

3° Les membres titulaires hommes ou dames sont admis sur la production de pièces attestant qu'ils ont à leur actif quelque fait de courage ou de dévouement. — Leur cotisation annuelle est de 18 fr.

La Société est administrée par un Conseil d'administration composé d'un Bureau et d'un Comité.

Pour être élu membre du Conseil, il faut être Français, jouir de ses droits civils et civiques, et être membre de la Société depuis au moins un an.

Le fonds social se compose :

1° Des souscriptions et cotisations des membres bienfaiteurs et honoraires, des membres titulaires et participants ;

2° Du produit de la vente des insignes et du produit des amendes ;

3° Des fonds placés et des intérêts échus ;

4° Des dons et legs autorisés, et des subventions accordées par l'État, le département ou la commune ;

5° Du drapeau et des insignes.

Les fonds en caisse ne devront jamais dépasser 3,000 fr.

Telles sont en raccourci les dispositions des statuts qui régissent la Société des Hospitaliers Sauveteurs Bretons de Rouen.

Nous n'avons pas beaucoup de détails concernant sa situation financière, cela tient sans doute à la reconstitution récente de cette Société et à l'approbation plus récente encore (14 novembre 1893) de ses nouveaux statuts. Nous pouvons ajouter cependant que, au 31 décembre 1893, cette situation présentait un excédant de recettes de 3,814 fr. 10.

La Société des Hospitaliers Sauveteurs Bretons possède 27 stations de sauvetage et secours, dont 20 sont installées à Rouen, sur les deux rives de notre beau fleuve. Les sept autres stations sont situées à Saint-Adrien, La Poterie, Amfreville - la - Mivoie, Eauplet, Croisset, et deux à Dieppedalle.

Le matériel de sauvetage placé dans chaque station se compose ordinairement d'une gaffe, d'une ligne et d'une bouée.

Les stations de Rouen sont munies de cinq boîtes de secours permettant de donner des soins, non seulement aux noyés ou asphyxiés, mais de secourir également les victimes d'accidents sur la voie publique.

Nous savons que l'entretien de ce matériel est l'objet d'une sollicitude constante de la part des personnes placées à la tête de la Société et que, grâce à ce bon état d'entretien, son matériel rend fréquemment de grands services. Elle en a, d'ailleurs, été récompensée déjà par une médaille d'or qui lui fut décernée, en 1888, à l'Exposition d'Hygiène de Rouen.

Nous avons été heureux de retrouver, au bas de ses statuts, un nom fort sympathique à plus d'un titre, c'est celui du Président (de notre aimable Président, pouvons-nous dire), car le fin et élégant causeur qui préside la Société des Hospitaliers Sauveteurs Bretons de Rouen est aussi le Président de la Société Industrielle de Rouen, M. Maurice Keittinger, qui partage son temps entre la haute industrie et l'administration d'œuvres humanitaires dont il est le zélé partisan.

Société de Secours mutuels de Saint-Vincent-de-Paul, à Déville-lès-Rouen. — Les documents qui nous sont parvenus à l'endroit de cette Société nous ont fort intéressé, et nous nous sommes promis d'y puiser largement.

Nous devons tout d'abord reproduire une observation faite par l'honorable Président actuel, M. Ernest Crelay, laquelle est ainsi conçue :

« Bien que placée sous le patronage d'un saint, la Société n'a aucune attache ni ne se livre à aucune manifestation religieuse. — Nos sociétaires sont absolument libres de penser et croire suivant leurs convictions, nous leur demandons seulement d'observer et de se soumettre aux prescriptions des statuts ».

Elle est ancienne la Société de Saint-Vincent-de-Paul de Déville-lès-Rouen !

Elle a été fondée le 1er septembre 1835 — autorisée en juin 1837 — approuvée le 9 avril 1859, en conformité du décret du 26 mars 1852. — Voilà 58 ans passés qu'elle fonctionne.

Elle a pour but :

1° De donner les soins du médecin et les médicaments aux membres participants malades ;

2° De leur payer une indemnité pendant le temps de leur maladie ;

3° De pourvoir aux frais funéraires ;

4° De constituer des pensions de retraite, conformément au décret du 26 avril 1856.

La Société se compose de membres honoraires et de membres participants, elle admet dans son sein les ouvriers et artisans de 18 à 40 ans, d'une bonne santé, de bonne vie et de bonnes mœurs, et de toutes professions, à l'exception de celles reconnues trop insalubres.

La cotisation des membres participants est de 18 fr. par an ; ils paient, en outre, un droit d'admission qui varie suivant l'âge du postulant. Ce droit fixe est de 1 fr. pour les admis âgés de 18 et 19 ans, de 1 fr. 50 à 20 et 21 ans ; il s'élève graduellement et atteint 35 fr. à la limite d'âge (39 ans).

Des secours sont accordés aux membres participants, en cas de maladie dont la durée se prolongerait au-delà de 6 mois.

La Société n'accorde pas de secours pour cause de chômage.

La cotisation des membres honoraires est fixée à 12 fr. au minimum. Ils sont admis par le Président et le Bureau sans condition d'âge ni de domicile. Leur nombre est illimité.

Le nombre des membres titulaires ou participants ne peut excéder 500, à moins d'autorisation spéciale (art. 5, § 2 du décret du 26 mars 1852).

Un règlement de police pour l'exécution des statuts y est annexé. Il édicte des amendes et des peines, selon la gravité des infractions prévues.

En somme, la lecture attentive que nous avons faite des statuts de la Société de Saint-Vincent-de-Paul, de Déville-lès-Rouen, nous a édifié à l'endroit du souci qu'ont eu ses fondateurs, de la dignité de ses membres.

Nous résumons ci-après les avantages pécuniaires que cette Société procure à ses membres participants pour une cotisation annuelle de 18 fr. — 1 fr. 50 par mois :

1° Les secours médicaux et pharmaceutiques ;

2° Une allocation journalière de :

      1 fr. 30 pour les trois premiers mois ;

      1 fr. pour les trois mois suivants ;

3° Après 6 mois de maladie, pension obligatoire de 150 fr. ;

4° Une somme de 50 fr. est versée à la famille pour solder les frais funéraires du membre décédé ;

5° Pensions de vieillesse : $\frac{\text{à 65 ans} - \text{à 70 ans}}{\text{150 francs} \quad \text{200 francs}}$

— Toutes les maladies donnent droit au secours, même l'aliénation mentale.

Les secours ne sont pas refusés au sociétaire en retard de paiement.

L'effectif des membres, 31 décembre 1893, était de 480 membres participants et 8 membres honoraires.

La situation financière de cette société est florissante ; le boni réalisé dans le dernier exercice (1893) est de. . . . . 1.5. fr. 29

Son avoir, au 1ᵉʳ janvier 1893, se chiffrait par. 109.031 97

Ce qui porte le capital, au 1ᵉʳ janvier 1894, à. 110.565 fr. 26 représenté comme suit :

Caisse d'épargne de Rouen . .	30 fr. 82	
Caisse des retraites pour la vieillesse	78.691	77
Fonds de réserve	32.000	»
	110.722 fr. 59	
Capital doit à la caisse. .	157	33
Somme égale.	110.565 fr. 26	

Ce qui ressort clairement de la récapitulation générale des recettes et dépenses de la Société, depuis sa fondation (1ᵉʳ septembre 1835) jusqu'au 31 décembre 1893, c'est une marche progressive et constante, qui lui a permis de faire le bien sous la forme attrayante de la mutualité.

Le tableau de ses *dépenses* est instructif et nous le reproduisons ci-après :

Frais de gestion	6.742 fr. 97	
Fais médicaux	32.290	30
Frais pharmaceutiques.	35.768	51
Allocations en argent aux malades.	76.067	91
Allocations en argent aux infirmes.	10.080	05
Frais funéraires	8.300	»
Pensions aux vieillards.	110.715	40
Frais de bureau.	6.384	25

286.349 fr. 09

Les recettes de toute nature ont été de. . 396.914 fr. 35

Balance. 110.565 26

396.914 fr. 35

Nous sommes heureux de donner de la publicité à de tels résultats.

Ajoutons que la Société de Saint-Vincent-de-Paul, de Déville, est titulaire d'une médaille d'argent obtenue à l'Exposition universelle de 1889.

Société de Secours mutuels de Saint-Pierre, de Déville-lès-Rouen. — Cette Société n'est pas bien ancienne. Elle a été approuvée par arrêté préfectoral du 23 août 1890.

Ses statuts paraissent, dans leurs dispositions, empruntés à ceux de la Société de Saint-Vincent-de-Paul, dont nous faisions tout à l'heure l'éloge.

Le but des deux Sociétés est le même; et la plus jeune a sagement agi en s'inspirant de l'exemple fourni par son aînée. C'est là de la bonne émulation.

La Société de Saint-Pierre comptait, au 31 décembre 1893, 152 membres participants et 4 membres honoraires.

La situation financière s'établit ainsi :

Espèces en caisse..,	452 fr.	70
Caisse d'Épargne de Rouen	37	44
Caisse des retraites	27.335	40
Caisse des Dépôts et Consignations	9.000	05
	36.825 fr.	59
A diminuer, pour factures à payer	630	70
Avoir au 31 décembre 1893	36.194 fr.	89

(« Capitaux placés » accolade regroupant les quatre premières lignes.)

Un coup d'œil jeté sur le compte rendu annuel des *recettes* et *dépenses* de cette Société, permet de constater qu'elle est très sagement, très économiquement administrée. Les frais de gestion et de bureau, abonnements à divers bulletins, etc., ne s'élèvent qu'à 135 fr. 20 pour l'année 1893.

Cette constatation est un présage de bonne prospérité.

La Société de Secours mutuels de Saint-Pierre, de Déville-lès-Rouen avait à sa tête, comme Président, le Maire de la localité, M. Autin, récemment décédé.

Association mutuelle des Femmes de Rouen. — Nous avons déjà dit un mot de cette Société (page 40).

Elle a été fondée au commencement de 1891, sous d'heureux auspices. Au nombre des membres fondateurs figurent les noms de Mmes Carnot, Ricard, Hendlé, etc., de MM. Constans, alors Ministre de l'Intérieur, Léon Brière, Rivière et Cie, Ernest et Achille Manchon, etc.

Elle a pour but d'assurer à chacun de ses membres :

1° Une indemnité et les soins d'un médecin en cas de maladie ;

2° Les médicaments et les bains ;

3° Un secours en cas d'infirmité ou de maladie incurable ;

4° Les soins d'une sage-femme et une indemnité en cas d'accouchement ;

5° Une pension de retraite pour la vieillesse ;

6° Des frais funéraires.

Sa situation financière est bonne : son capital, au 30 septembre 1893, se chiffre par 4,949 fr 72.

Mais le nombre des affiliés est peu considérable, et pourtant cette Société est en situation de rendre de grands services. Nous l'avons dit ailleurs, elle n'est pas assez connue.

Tous les ans, nous nous faisons un plaisir d'assister à la réunion générale que préside le Président-Fondateur, et là, on est assuré d'entendre une substantielle allocution ; les gourmets du bien dire sont doublement satisfaits : par l'élégance de la forme et la beauté du thème. M. Ricard est un fervent mutualiste. A votre place, M. Crampon, je ferais imprimer les discours de M. Ricard, afin de les répandre à profusion dans les jeunes ménages d'ouvriers.

Société de Secours mutuels « Sauveteurs Hospitaliers de Rouen. » Il résulte des statuts de cette Société, qu'elle a pour but, en groupant les personnes qui ont donné des preuves de leur dévouement envers l'humanité, d'encourager et de développer encore, par l'émulation, l'amour de son semblable poussé jusqu'au sacrifice.

Les récompenses honorifiques décernées à plusieurs de ses membres, par le Gouvernement de la République française, sont la justification la plus complète des services qu'elle ne cesse de rendre.

Fondée en 1881, et autorisée comme Société de bienfaisance, elle a été approuvée comme Société de Secours mutuels par arrêté préfectoral en date du 19 mars 1884.

Elle procure à ses membres participants les avantages ci-après :

1° Les soins d'un médecin avec les médicaments ;

2° Une indemnité en argent pour incapacité de travail constatée pendant la maladie ;

3° Une pension de retraite, conformément au décret du 26 avril 1856 ;

4° Elle pourvoit en outre à leurs funérailles.

La Société comprend des membres honoraires.

Le taux des cotisations est ainsi établi :

18 fr. par an pour les hommes, plus 3 fr. de droit d'entrée.

12 fr.   —   pour les femmes,   — 2 fr.   —

6 fr.   —   pour les enfants.

La cotisation des membres honoraires est de 10 fr. minimum.

Les indemnités pour incapacité de travail constatée par le docteur, sont ainsi fixées :

1 fr. 50 par jour pour les hommes, pendant 3 mois, et 1 fr. pour les femmes.

1 fr. par jour pour les hommes, pendant les 3 mois suivants, et 0 fr. 50 pour les femmes.

1 fr. par semaine pendant les dix autres mois.

Cette Société comptait, au 31 décembre 1893, un effectif de 180 membres : savoir :

97 membres honoraires ;

83 membres participants (71 hommes, 12 femmes).

Son chiffre matricule atteint le n° 459, depuis la date de l'arrêté d'approbation.

Sa situation financière est prospère.

Elle possédait, au 1er janvier 1894, un capital de 41,000 fr. représenté comme suit :

Fonds placés à la Caisse des Retraites. 31,500 f. ⎫
Fonds placés et en caisse. . . . .   9,500 ⎬ 41,000 f.
                                                  ⎭

Ce capital représente 500 fr. par unité de membre participant.

Pendant les dix années écoulées, la Société des Sauveteurs Hospitaliers de Rouen a donné des secours à 90 sociétaires, elle a dépensé pour cette cause une somme de 14,512 fr.

Son dévoué président est M. H. Paris.

L'Emulation chrétienne de Sotteville-lès-Rouen. — Cette Société de Secours mutuels a 40 années d'existence. Elle a été fondée le 1er janvier 1854 et approuvée le 26 avril suivant.

Ses statuts contiennent sous le titre I (art. 1, 2 et 3) une déclaration de principes empruntés à la doctrine spiritualiste. C'est un *Credo* que nous mentionnons volontiers et auquel les vrais démocrates ne peuvent qu'applaudir. On y lit ces préceptes :

« *Les associés s'aiment fraternellement en Dieu* ».

« *Ils font à leurs frères ce qu'ils voudraient qu'on leur fît à eux-mêmes* ».

« *Tous les sociétaires sont égaux devant les statuts* ».

La Société a pour but :

1° De donner aux sociétaires malades : les soins du médecin — les remèdes pharmaceutiques — une indemnité pécuniaire, un secours en argent pour chacun de leurs jeunes enfants — toute l'assistance matérielle et morale que réclament les douleurs ;

2° D'assurer une retraite à ses sociétaires *incurables* ou incapables de pourvoir à leur subsistance ;

3° De recueillir, pour les verser ensuite à la Caisse d'épargne, les économies de ses sociétaires et celles de leurs enfants ;

4° D'assurer à tous, en cas de décès, *une inhumation chrétienne et décente*, aux frais de laquelle il est pourvu par ses soins.

La Société se compose de :

1° Sociétaires, ou membres actifs participants ;

2° Membres honoraires ;

3° Bienfaiteurs, dont le nombre est illimité ;

— Une Société comprenant des femmes et enfants a été créée parallèlement à celle des hommes ; elle est régie par les mêmes administrateurs, mais elle a sa caisse tout à fait distincte.

Les membres participants de l'Emulation chrétienne de Sotteville-lès-Rouen payent une cotisation hebdomadaire de 30 centimes. Un droit fixe de 1 fr. 50 est exigé pour frais d'inscription.

La situation financière de cette Société s'établit comme suit, au 31 décembre 1893 :

Avoir disponible	4.154 fr. 35
Sommes déposées à la Caisse de Retraites	51.669 48
Ce qui représente un capital de. .	55.823 fr. 83

et correspond à une somme de 300 fr. par unité de membre participant, dont le nombre s'élevait, au 1er janvier 1894, à 176 membres. Celui des membres honoraires était de 98.

La Société est présidée par M. Boniface, notable industriel, membre de la Chambre de commerce de Rouen.

Société de Secours mutuels des Ouvriers de la maison Keittinger et fils, à Lescure. — Au cours d'un entretien que nous eûmes récemment avec un fervent mutualiste, notre interlocuteur nous citait une modeste Société de Secours mutuels qui doit son origine à une idée touchante.

Nous avons voulu nous renseigner nous-même, et grâce à l'obligeance de l'un de nos plus aimables collègues de la Société industrielle de Rouen, nous sommes en mesure de donner à la Société de Secours mutuels des Ouvriers de la maison Keittinger et fils, de Lescure-lès-Rouen, la place qui lui appartient dans cette série de Sociétés de prévoyance, dont nous faisons ici l'historique succinct.

Il y a quelque cinquante ans, un petit nombre d'ouvriers, appartenant à ces beaux établissements de Lescure, que tous les Rouennais connaissent et dont les fins tissus aux couleurs variées et chatoyantes semblent embellis par le pinceau d'un Watteau moderne, dans un de ces endroits qu'arrose la Seine et que Mme Deshoulières s'est plu à chanter, quelques ouvriers, dis-je, devisaient de l'actualité. L'un deux, élevant un peu le niveau de la conversation, l'amena sur le terrain de la prévoyance en faisant remarquer à ses auditeurs combien précaire est la situation d'une famille d'ouvriers en la personne de son chef, s'il vient à lui être brusquement ravi par un accident mortel, ou par une de ces maladies longues et terribles qui ne laissent derrière elles que le deuil et la misère.

A la suite de cet entretien et de quelques conférences renouvelées, ces braves gens, inspirés d'une confiance réciproque, constituèrent une petite caisse et purent apporter à plusieurs familles éprouvées par la perte de leurs chefs, un soulagement notable.

Leur idée était féconde, comme nous le verrons par les résultats qu'elle a donnés. Le nombre des adhérents ne tarda pas à grossir.

En 1851, réunis au nombre de vingt-trois, ils résolurent de constituer définitivement une Société de Secours mutuels, qui prendrait le titre de « *Société des Ouvriers de la fabrique de MM. F. Keittinger et fils* ». Ils s'en ouvrirent à leur patron, M. Keittinger père, qui réunissait en lui, outre les autres qualités du cœur, cette exquise bienveillance qui s'attache à rapprocher le serviteur du maître, et cette bonté d'âme qui est le guide de l'employeur d'élite en ses rapports avec le travailleur.

Aussi, M. Keittinger accueilla-t-il avec joie la communication qui lui était ainsi faite, et, après avoir fait toucher du doigt aux intéressés le bien qui résulterait pour eux et les leurs de la résolution projetée, il voulut les aider de ses deniers, et se chargea, malgré ses occupations, de la rédaction des statuts de la Société naissante.

Elle fut fondée sous le patronage de MM. François Keittinger père et Paul Keittinger, le 1er mai 1851, et autorisée à titre d'essai par arrêté préfectoral du 4 mai 1852, puis approuvée par un nouvel arrêté en date du 17 septembre 1853.

Diverses modifications aux statuts ont dû être faites et ont donné lieu à des arrêtés préfectoraux les approuvant : arrêtés en date du 4 avril 1883 et du 8 août 1893.

La Société a pour but :

De payer une indemnité aux sociétaires en cas de maladie; de leur fournir les soins du médecin et les médicaments ; d'accorder aux sociétaires reconnus infirmes et malades, une indemnité; de payer une indemnité à la famille d'un décédé ; d'accorder une retraite aux sociétaires âgés de 65 ans, conformément au décret du 26 avril 1856.

La Société se compose de membres participants et de membres honoraires ou associés libres. Ces derniers contribuent, par leurs conseils et leurs souscriptions, à la prospérité de l'Association, sans participer à ses avantages.

Pour être membre participant, il faut être d'une conduite régulière, âgé de 14 ans au moins et 45 ans au plus, travailler au moins depuis deux mois dans l'établissement de MM. François Keittinger et fils.

Les sociétaires ont la faculté de faire admettre leurs fils à la Société, quoi qu'ils ne soient point employés à l'établissement, mais les conditions d'âge leur sont applicables.

Pour être admis membre participant, il faut encore remplir une condition de domicile : il faut demeurer dans une des communes — au nombre de 24 — indiquées aux statuts. Ce sont toutes communes avoisinantes.

En outre de la cotisation mensuelle, qui est actuellement de 1 fr. 25 (15 fr. par an), les membres participants doivent verser une mise d'entrée qui varie de 2 à 9 fr., selon l'âge du sociétaire admis.

Le nombre des membres participants est actuellement de 173.

La situation financière de la Société se trouve résumée dans le tableau ci-après de ses recettes et dépenses :

RECETTES

Cotisations, amendes, droits d'entrées...... 64.602 fr. 38

Dons gracieux { de MM. Keittinger et fils. } 9.324 50
{ 8.125 fr. » }
{ de divers.. 1.199 50 }

Subventions du département et de l'Etat ... 3.728 58

Intérêts des fonds placés (fonds libres (1)). 20.382 39

131.083 fr. 84

Subventions et intérêts des fonds placés
(Caisse des retraites).................... 33.436 50

Recettes diverses........................ 2.609 49

DÉPENSES

Secours en argent...... 23.488 fr. 30

Frais { pharmaceutiques 17.230 80
{ médicaux....... 17.390 25
{ funéraires ...... 2.675 »

Suppléments de pension
et secours aux incu-
rables.............. 6.854 31

70.020 fr. 40 ci... 70.020 fr. 40

Divers: imprimés, abon-
nements et livres... 2.381 74

Excédant des recettes..... 64.063 fr. 44

Le chiffre de 2,381 fr. 74, montant des frais généraux de la Société, indique à lui seul le degré d'économie qui préside à sa gestion. Voilà 43 ans qu'elle existe; c'est une moyenne de 55 fr. par an, ce qui correspond à peine à une moyenne de 0 fr. 50 par sociétaire.

Le tableau ci-après nous montrera que la marche de la Société depuis sa fondation n'a pas cessé d'être ascendante. C'est un résumé quinquennal des progrès réalisés, tant au point de vue du recrutement des affiliés que sous le rapport de l'accroissement consécutif des ressources pécuniaires.

---

(1) Les fonds libres dont la Société touche les revenus sont distincts des fonds placés à la Caisse des retraites. Ceux-là sont placés en compte courant soit à la Caisse des dépôts et consignations, soit à la Caisse d'épargne. Ils servent à payer les suppléments de pension, à acquitter les cotisations des membres admis à la retraite et à accorder une indemnité aux sociétaires devenus infirmes avant l'âge.

TABLEAU QUINQUENNAL

DE LA MARCHE ASCENDANTE DE LA SOCIÉTÉ.

| ANNÉES | NOMBRE DE | | SITUATION PÉCUNIAIRE | | |
| | Sociétaires | Pensionnaires | FONDS | | |
			CAISSE des RETRAITES	FONDS LIBRES	TOTAUX
1851	33			272.30	272.30
1855	92			3,756.67	3,756.67
1860	108		3,181.58	5,547.21	8,728.79
1865	112		7,382.69	9,598.92	16,981.61
1870	119		10,965.04	13,111.20	24,076.24
1875	105		18,557.84	14,347.57	32,905.41
1880	110		26,740.67	15,521.37	42,262.04
1885	154		35,463.59	17,273.77	52,737.36
1890	175		43,381.10	17,648.59	61,029.69
1893	173	11	47,080.50	16,971.94	64,052.44

NOTA. — La moyenne des 11 pensions servies est de 102 fr.

Nos lecteurs sauront tirer la conséquence de cette situation financière.

Nous pensons, quant à nous, que les Sociétés privées du genre de celle dont nous nous occupons en ce moment, ne sont pas assez nombreuses.

Les héritiers et successeurs de MM. François Keittinger et fils ont toujours pris le plus vif intérêt au succès de cette Société de Secours mutuels fondée sous le patronage de leurs ascendants. Il ne saurait en être autrement, d'ailleurs.

Dans les grands établissements industriels qui sont l'apanage d'une famille, où la loyauté commerciale est poussée jusqu'au scrupule, et dont la propriété ne peut être cédée autrement que par suite de l'extinction d'une lignée, les traditions deviennent séculaires. Les ouvriers trouvent là des avantages divers : Ils sont garantis contre le chômage, à l'abri des grèves, et peuvent vivre heureux en travaillant ; ils y vieillissent considérés et leur fidélité trouve une récompense officielle lorsque le Gouvernement leur décerne des médailles.

D'autre part, la confiance de l'ouvrier, qui peut aller jusqu'à l'affection et grandir parfois jusqu'au dévouement, est bien, à mon sens, la plus légitime ambition, la plus belle récompense que puissent désirer les chefs d'industrie !

Et cette harmonie entre employeurs et employés est tout simplement la solution du problème social ; c'est la *solidarité* des intérêts substituée à l'*antagonisme* des intérêts.

L'Emulation chrétienne de Maromme. — Les documents qui nous sont parvenus concernant cette Société de Secours mutuels, ne nous permettent pas de nous étendre sur ses débuts ; nous savons seulement qu'elle a été autorisée par décret impérial du 16 août 1854. Elle a donc une respectable ancienneté.

Ses statuts ont été révisés en assemblée générale au mois d'octobre 1892, et approuvés par arrêté préfectoral du 4 février 1893.

En tête des statuts on lit cette maxime : « *Aimez-vous les uns les autres.* » Et plus loin cette profession de foi : « *Les associés s'aiment fraternellement en Dieu. — Ils font à leurs frères ce qu'ils voudraient qu'on leur fît à eux-mêmes.*

Le but de la Société est ainsi défini par le texte des statuts :

1° Donner aux sociétaires malades les soins du médecin, les remèdes pharmaceutiques, une indemnité pécuniaire et toute l'assistance morale que réclament les douleurs ;

2° Procurer aux sociétaires indisposés les conseils du médecin et les médicaments prescrits ;

3° Procurer aux membres de la famille de chaque sociétaire, femmes et enfants, excepté les garçons ayant 12 ans et plus, les soins des médecins de la Société ;

4° Assurer une retraite à ses sociétaires ;

5° Moraliser, cultiver, diriger l'esprit et le cœur des associés par des conférences ou lectures de choix faites dans les séances générales ;

6° Exciter une noble émulation parmi ses membres, en décernant des diplômes d'honneur à ceux qui, dans l'année, auront fait preuve de grand dévouement à la Société, ou à ceux dont la conduite morale pourrait être citée comme exemple ;

7° En cas de décès, assurer un enterrement convenable au membre décédé.

Il y a en ce programme, une réminiscence des principes de la doctrine chrétienne.

La Société se compose de membres actifs participants ; de membres honoraires ; de bienfaiteurs.

La Société ne reçoit et ne conserve dans son sein que de bons maris, de bons pères et de bons fils. Elle rejette ceux dont l'inconduite, l'immoralité, sont notoires.

Les membres actifs sont tenus de payer une cotisation de 35 centimes par semaine. Un droit d'admission, variant selon l'âge du candidat, est versé dans le courant des trois premiers mois.

Les membres honoraires ne sont point tenus à une cotisation fixe, leur sollicitude devant les guider dans le montant de leur souscription.

La situation du personnel de l'Emulation chrétienne de Maromme, au 31 décembre 1893, était la suivante :

Membres participants.................... 119 ⎰
Membres honoraires.................... 27 ⎱ 146

Parmi les membres honoraires, se trouvent les industriels marquants de la vallée de Maromme, plusieurs ecclésiastiques, des docteurs-médecins, des pharmaciens, un notaire, etc.

La situation financière s'établissait comme suit, au 31 décembre 1893 :

Excédant des recettes de l'exercice clos
(1893).. 1,165 fr. 83
  Placement à la Caisse des Dépôts et
Consignations, fonds libres .... 500 »
  6 Obligations de l'Ouest, 3 %, valeur....... 2,784 »
                                                4,449 fr. 83

Capital alimentant les ....
retraites actuelles.................. 30,597 fr. » } 44,981 39
Capital réservé pour former
de nouvelles pensions.......... 14,387 39)

    Avoir général au 31 Décembre 1893...... 49,434 fr. 22

Cette situation est excellente.

La Société de Secours mutuels l'Emulation chrétienne de Maromme avait à sa tête, comme Président, un homme éminent par le caractère et la haute valeur intellectuelle, dont la mort, survenue récemment, a été un deuil public. Les funérailles de M. Charles Besselièvre, manufacturier, maire de Maromme, Vice-Président du Conseil général de la Seine-Inférieure, ancien Président de la Société Industrielle de Rouen, Officier de la Légion d'honneur, qui eurent lieu à Rouen, le 17 janvier 1894, avaient attiré une foule immense, et ce qui donnait surtout à cette imposante cérémonie la marque de la tristesse, de la douleur poignante, c'était ce cortège nombreux des membres des Sociétés de Secours mutuels, des enfants des écoles, des ouvriers et employés qui venaient apporter à celui qui fut leur bienfaiteur, un suprême tribut de regrets.

M. Charles Besselièvre, que nous avions eu l'honneur d'approcher quelquefois alors qu'il présidait la Société Industrielle de Rouen, était un homme d'une bienfaisance rare ; il avait, dans la plus haute acception du mot, la conception du bien à faire, et prenait le plus vif intérêt à l'étude des questions intéressant l'amélioration du sort des travailleurs. Il portait à son personnel une affectueuse sollicitude ; il avait créé pour ses ouvriers et employés des caisses de secours et de prévoyance, et l'un des premiers il avait institué la participation aux bénéfices pour ceux de ses collaborateurs qui comptaient un nombre déterminé d'années dans son établissement.

Travailleur infatigable, il aimait la littérature ; il était même un fin gourmet littéraire, et l'on se souvient d'une certaine conférence qu'il fit un jour sur les Fables de La Fontaine, où il mit en relief, avec sa parole spirituelle et persuasive, tout ce qu'il y a d'excellent dans les conseils donnés par notre grand fabuliste, qui s'est attaché à faire sentir de beaux traits sous une forme élégante et simple.

Nous offrons aux membres de la famille du regretté M. Besselièvre, qui sont nos collègues à la Société Industrielle, ces quelques lignes comme l'expression de notre très respectueuse condoléance.

La revue que nous venons de faire des documents que l'on a bien voulu nous communiquer, est des plus concluantes en faveur de la mutualité. Toutes les Sociétés citées dans les pages qui précèdent sont dans une situation prospère ou florissante.

Nous en tirons cette conséquence, que l'enseignement par le fait est préférable à toutes les théories ; il faut prêcher d'exemple. Et nous pensons, avec de bons esprits, que la mutualité contient le germe de la solution sociale.

L'idéal serait la transformation de la bienfaisance en un vaste système de prévoyance et de mutualité. Les sociétés de secours mutuels, tout en conservant leur autonomie relative, seraient rattachées à ce système où, moyennant le paiement d'une prime minime et les versements de l'Etat, des départements, des communes et des bureaux de bienfaisance, chacun recevrait, outre les secours médicaux et pharmaceutiques, une indemnité par jour d'incapacité de travail.

On arriverait de la sorte à supprimer l'assistance publique et à faire considérer la charité comme une humiliation, la prévoyance comme un devoir social.

L'Epargne populaire

CAPITALISATION DES SOUS.

Nous nous sommes attaché dans les chapitres précédents à faire l'historique des diverses institutions destinées à favoriser l'épargne et à l'utiliser, et nous avons montré que, toutes, elles offrent de grandes facilités aux placements de fonds les plus minimes.

Actuellement, la limite *minima* n'est pas inférieure à 1 fr.; nous voudrions que cette limite fut abaissée jusqu'au simple sou.

Est-ce pratique ?

— Nous exposerons ci-après les systèmes qui, selon nous, peuvent permettre à la plus petite épargne de se capitaliser.

C'est à dessein que nous n'avons rien dit jusqu'ici de certaines Caisses d'épargne tolérées, sinon autorisées, qui rendent de très réels services là où elles fonctionnent. Elles provoquent parmi les ouvriers un courant de sympathique émulation ; nous l'avons constaté nous-mêmes en Lorraine — avant l'annexion — dans de grands établissements métallurgiques. C'était à qui aurait son livret de Caisse d'épargne.

Et, depuis cette époque, lorsqu'il nous arrive d'évoquer ces souvenirs, ce n'est jamais sans un profond serrement de cœur que nous revoyons par la pensée cette patriotique et vaillante population ouvrière de la Moselle.

Nous en pouvons dire autant de l'Alsace. Nous avons eu occasion d'exposer dans un autre travail sur la matière, les merveilleux résultats obtenus dans une grande usine alsacienne, grâce au fonctionnement d'une Caisse d'Epargne dans laquelle on reçoit le plus minime versement, même 5 centimes.

Dans un laps de temps de 5 années, on a encaissé une somme de 80,000 fr. sauvés ainsi du cabaret, et cela avec un sacrifice d'intérêts qui n'a pas dépassé 4,000 fr., ce qui représente un taux moyen de 5 %.

C'est à des Caisses d'épargne de ce genre, ayant pour garantie la haute solvabilité patronale, que nous voudrions voir confier ce que j'appellerai le *drainage du sou*, qui, malheureusement, s'exerce ailleurs de diverses façons auxquelles la plupart des travailleurs ne savent pas résister, tant la contagion de l'exemple est servile.

— On m'objectera, je le sais, que l'intervention patronale — dans l'espèce — ne serait guère goûtée dans notre région normande, pas plus par les patrons que par les ouvriers. — Soit ; ce que j'ai vu fonctionner ailleurs, il y a de longues années, peut ne pas convenir à telle autre contrée et n'être pas en harmonie avec les idées actuelles; je me garderai même d'en rechercher les causes, je les tiens pour très respectables. Mais, le fonctionnement des Caisses dont je parle, qu'elles soient administrées par qui l'on voudra — cela regarde les intéressés — n'en est pas moins désirable, étant donné le but qu'il s'agit d'atteindre.

Nous allons montrer par de simples calculs que l'épargne personnelle des ouvriers de la fabrique, voire même des ouvriers agricoles, peut trouver une grande facilité dans le système du taux décroissant de l'intérêt : plus l'épargne est petite, plus l'intérêt servi au déposant doit être élevé. On obtient par ce système de très beaux résultats, sans que le taux moyen d'intérêts ait rien d'exorbitant.

Admettons que l'on donne 12 % d'intérêt jusqu'à 100 fr., puis 6 % jusqu'à 300 fr., puis 4 % jusqu'à 1,000 fr. On déboursera de la sorte, savoir :

Versement de   100 fr. (12 0/0) soit 12 fr. d'intérêts   }
—   de   300 » (6 0/0)   —   18 »   —   } 70 fr.
—   de 1.000 » (4 0/0)   —   40 »   —   }
——
           1.400   (5 0/0) .... 70 fr. (parité)

Ainsi que nous l'avons dit tout à l'heure, le taux moyen d'intérêt — toutes proportions gardées — peut ne pas dépasser 5 % ; et l'on nous concèdera bien que l'industrie n'est pas prospère là où elle ne peut servir 5 % d'intérêts à ses déposants.

J'entends des pessimistes me dire : « Votre théorie est séduisante, mais la pratique est difficile ».

Je ne disconviens pas que l'ouvrier dont le salaire est mince ne soit guère porté vers l'épargne et qu'il y puisse même songer. Il faut faire en sorte de l'y amener. C'est là qu'est l'effort.

La Société Industrielle de Rouen compte parmi ses membres de grands industriels, des sénateurs, des députés, des conseillers généraux et d'arrondissement ; elle dispose d'une grande publicité au moyen de son Bulletin, elle peut organiser des conférences en faisant appel au concours de ses membres actifs et distingués, elle a à sa tête un Président qui est l'ami de tous les progrès, elle renferme, en un mot tous les éléments de succès, et se trouve en excellente situation de faire faire un grand pas à la question dont nous nous occupons ici. Nous faisons les vœux les plus ardents pour qu'il se trouve dans le sein de cette Société des hommes imbus des idées que nous exposons, *quelque apôtre de l'épargne*, qui, par le livre ou la parole, initie l'ouvrier économe aux notions élémentaires de l'arithmétique, qui lui apprenne surtout l'addition et la multiplication.

On ne saurait trop le redire à l'ouvrier et à tous ceux qui peinent :

« Il y a du bonheur pour tout le monde ici-bas, mais ce qui fait que tant de gens n'en ont pas leur part, c'est qu'ils n'ont pas su ou voulu se la créer eux-mêmes : car le bonheur n'est pas où on le cherche, il est où on le place. Il y a une foule de choses dans la vie auxquelles on dédaigne de s'arrêter parce que, il faut bien en convenir, on a l'esprit sollicité par d'autres questions momentanément plus urgentes, ou du moins qui nous semblent telles ; on a tort, on s'en repent plus tard, lorsqu'il n'est plus temps. »

Il est une chose à laquelle on doit surtout songer constamment, à cette époque de lutte à outrance pour la vie et avec la vie, c'est la prévision de l'avenir, le souci du lendemain.

Sans vouloir faire la critique des idées actuelles, on peut bien dire que celles d'autrefois avaient du bon : le petit sou mis par jour de côté est un exemple auquel il est bon de revenir, d'autant plus qu'avec les combinaisons nouvelles il a acquis une importance toute différente de celle qu'il avait jadis et, par conséquent, une toute autre utilité.

Si l'on était venu dire à nos ancêtres que ce petit sou amassé au jour le jour et versé dans une certaine caisse assurerait au bout d'un temps déterminé, un petit capital que l'on ne parviendrait jamais à constituer soi-même, ils se seraient montrés incrédules et n'auraient pas manqué de hausser les épaules. La chose est sérieuse aujourd'hui et rigoureusement mathématique.

Nous ne voudrions faire ici aucune réclame. Mais nous savons que l'on songe à fonder des Sociétés économiques dans le but de recevoir, pour la faire fructifier, la plus minime épargne, que les Caisses de l'Etat ne consentent pas à accepter tant qu'elle reste inférieure au franc, l'unité officielle de monnaie. Nous avons lu quelque part que, avec les cinq centimes prélevés quotidiennement sur son salaire, un ouvrier âge de 30 ans peut constituer un capital de huit cents francs qui seront payés à ses héritiers (à sa femme ou à ses enfants) à l'époque de sa mort.

Avec un sou économisé chaque jour, le même ouvrier pourra, dans vingt ans, c'est-à-dire quand il en aura cinquante, toucher 400 fr.

Avec un sou par jour il touchera, à cinquante-huit ans, une rente viagère de 100 fr. (Il y aurait lieu, toutefois, de contrôler ces affirmations et de s'assurer du crédit de ceux de qui elles émanent et dont nous ne sommes pas garant).

C'est ainsi que le petit sou, dont on fait peu de cas depuis que l'on est en âge d'en avoir à sa disposition dans son gousset, prend une tournure intéressante quand il a mijoté un certain temps avec ses congénères dans le

creuset d'une Caisse d'épargne quelconque ! Et parmi ceux
qui nous liront, nous ne serions pas surpris qu'il s'en
trouvât quelques-uns, sinon beaucoup, qui feront cette
réflexion : qu'ils ont certainement donné, perdu, jeté, sans
profit pour personne, un certain nombre de sous qu'ils
auraient pu utilement réserver pour eux-mêmes ou pour
d'autres.

Et que serait-ce si, au lieu de mettre un simple et mal-
heureux petit sou de côté, on en mettait deux, trois, cinq,
dix?... L'effort n'est pas plus difficile pour tel ou tel quand
il reste proportionnel aux ressources de chacun.

C'est grâce au capital que rien n'est impossible à
l'homme. L'Ecossais Law a rendu un service immense à
notre espèce en lui donnant l'idée d'associer des liards
pour faire des millions. Séparés, les liards ne pouvaient
rien ; réunis, ils ont transformé la face de l'Europe.

L'économie politique est fondée su une base naturelle,
réelle, inébranlable. Elle repose sur l'épargne individuelle
et la solidarité humaine. Elle dit à tous ceux qui possèdent :
« retranchez quelque chose sur votre revenu, mettez vos
économies en commun. Vous obtiendrez ainsi un fonds de
réserve grâce auquel les sinistres que la destinée pourra
faire tomber sur vous seront pour ainsi dire réparés à
l'avance ».

Nous insistons ici sur un principe qui est bon, admi-
rable, souverain : l'épargne ; à chacun de l'appliquer à
sa guise !

Nous avons énuméré avec complaisance les nombreuses
Caisses d'épargne qui existent aujourd'hui dans notre
pays. Nous avons ensuite indiqué deux formes d'assurances : la mutualité et l'entreprise des Compagnies.

Enfin, je me suis volontairement étendu, dans ce dernier chapitre, sur les Caisses d'épargne industrielles
placées sous le contrôle et l'autorité du patronat. Elles
doivent, à mon sens, faciliter singulièrement la petite
épargne, concurremment avec les Sociétés de Secours
mutuels.

L'ouvrier qui fait partie d'une Caisse de secours peut
songer en même temps à amasser un petit capital, si
mince soit-il, qui viendra grossir un jour le revenu de sa
pension de retraite. Celui qui gagne 5 fr. par jour n'a qu'à
se figurer qu'il gagne seulement 4 fr. 95, et verser cinq
centimes à la caisse patronale. En supposant 300 jours de
travail effectif par an, il aura mis de côté, au bout de
l'année, une somme de 15 fr. Admettons que ce verse-

ment de 5 centimes se continue pendant 20 ans et qu'il soit capitalisé au taux de 3 %, à intérêts composés, c'est une somme de 415 fr. que l'ouvrier économe aura ainsi sauvée des dépenses du ménage. Au bout de 25 ans, ce serait 563 fr. 30 d'épargnés ; au bout de 30 ans, l'épargne se capitaliserait par 735 fr. (Voir la table d'intérêts composés ci-après) :

TABLE D'INTÉRÊTS COMPOSÉS

Somme à laquelle s'élève Un franc, *placé annuellement à Intérêts composés, après un certain nombre d'années aux taux ci-après :*

ANNÉES	2 0/0	2 1/2 0/0	3 0/0	3 1/2 0/0
1	1.02	1.025	1.030	1.035
2	1.05	1.0506	1.0609	1.0712
3	1.075	1.0768	1.0927	1.1087
4	1.10	1.1038	1.1225	1.1475
5	1.13	1.1314	1.1592	1.1876
10	11.168	11.483	11.807	12.1415
15	17.639	18.380	19.156	19.9702
20	24.783	26.183	27.676	29 2683
25	32.670	35.011	37.553	40.3118
30	41.379	45.000	49.002	53.4278

Si un placement quotidiennement fait jouissait du taux décroissant de l'intérêt que j'ai mentionné à la page 62, on arriverait à ce résultat : que le montant des versements capitalisés au bout de 20 ans serait plus que doublé.

Les intérêts au taux de 12 % d'une somme de 15 fr., accumulés pendant 20 ans, produiraient la somme de 378 fr., ce qui, avec 20 versements de 15 fr. (15 × 20 = 300 fr.) formerait un petit capital de 678 fr.

Que si l'on pousse le raisonnement plus loin, on trouve qu'une personne versant quotidiennement dix fois plus, soit 0 fr. 50 pendant 20 ans, et dans les mêmes conditions, se trouverait à la tête d'un capital de 6,780 fr., sans avoir déboursé plus de 3,000 fr. — Mais il est difficile de trouver aujourd'hui quelqu'un qui consente à servir des intérêts à un taux aussi élevé.

Il nous reste à faire connaître un non moins ingénieux système propre à recueillir la plus faible épargne et à la convertir en capital. Cette heureuse institution est due à des citoyens Suisses. Elle fonctionne depuis une vingtaine d'années et a donné les résultats que nous allons mettre sous les yeux du lecteur :

Il s'est fondé à Genève, en 1873, une Société ayant pour objet la création de la

CAISSE MUTUELLE POUR L'ÉPARGNE,

destinée à recevoir en compte courant les dépôts provenant d'épargnes.

Cette Société a été constituée avec un capital de garantie de *trois cent mille francs*, sous la raison sociale « *Ed. Fatio et Cᵉ* ».

Je dois à l'obligeance empressée, à l'exquise courtoisie de M. G. Fatio, les renseignements qui vont suivre, et je suis heureux de lui en exprimer ici toute ma gratitude.

Le règlement de cette Caisse mutuelle est bien conçu ; il contient quatorze articles ; nous relatons ci-après les principaux :

« ART. 2. — La Caisse reçoit les dépôts qui ne sont pas inférieurs à vingt centimes ni supérieurs à cent francs.

« Aucun déposant ne peut être créancier d'une somme supérieure à 2,000 fr., intérêts compris. Quand un dépôt atteint ce chiffre, il cesse de plein droit de porter intérêt.

« ART. 5. — Aucun déposant ne peut être titulaire de plus d'un livret.

« ART. 7. — La Caisse paye sur les sommes qui lui sont déposées un intérêt dont le taux est fixé le 1ᵉʳ juillet de chaque année.

« ART. 8. — Cet intérêt porte sur 's sommes de un franc ou plus (sans fractions).

« ART. 9. — La Caisse étant *mutuelle*, *l'excédant des bénéfices nets*, après payement de l'intérêt (art. 7) et le prélèvement de la somme portée au compte de réserve (somme qui appartient néanmoins aux déposants), tel qu'il résultera du bilan arrêté au 30 juin de chaque année, *sera réparti entre tous les déposants*, proportionnellement aux sommes portées à leur crédit à cette date, et portera intérêt en leur faveur dès le 1er juillet, ou bien il sera à leur disposition, de même que l'intérêt ordinaire.

« ART. 10. — Aucun déposant n'aura toutefois le droit de s'immiscer dans la gestion de la Société et de prendre connaissance de sa comptabilité.

« ART. 11. — L'intérêt sera ajouté comme capital aux comptes des déposants, le 1er juillet de chaque année ; mais dès le troisième mardi de ce mois, il sera à la disposition de ceux qui en désireront le payement.

« ART. 12. — Tout créancier qui voudra son remboursement en tout ou en partie, devra en faire inscrire la demande au moins deux mois à l'avance. Cependant, il sera accordé aux déposants des facilités pour le remboursement toutes les fois que les circonstances le permettront.

« ART. 13. — La Caisse ne fait aucun remboursement inférieur à un franc, ni pour des fractions de franc, sauf en cas de remboursement total du dépôt ou des intérêts seulement. »

NOTA. — Les articles 1, 3, 4, 6 et 14 que nous n'avons pas cru utile de reproduire ici, contiennent des dispositions de détail.

La Caisse mutuelle pour l'Epargne soumet à ses déposants et aux personnes que cela peut intéresser, l'extrait suivant de ses livres pour l'année au 30 juin 1893 :

Comptes restant ouverts du 30 juin 1893.................. *19,297*
Des 2,224 comptes ouverts pendant l'année :
    1,273 l'ont été par des personnes de 20 ans au moins,
      920   —   —   au-dessus de 20 ans,
       31   —   des sociétés.
Le 1er Juillet 1892, il restait au crédit de 17,303
comptes .... 3.466.703 fr. 60
Du 1er Juillet 1892 au 30 Juin 1893, il a été fait :
    20.740 dépôts se montant à ..   948.784 fr. 35
    5.308 remboursements 777.785   60   170.998   75
                                                 3.637.702 fr. 35
Intérêt crédité aux déposants le 30 Juin 1893 :
    4 % sur les versements à concurrence de 1,000 fr.
    3 % sur l'excédant de 1.000 fr. 125.681   70
    « Solde au crédit de 19,297 comptes le
                1er Juillet 1893 .... 3.763.384 fr. 05
Il reste de plus au crédit du compte *Intérêt* la
somme non répartie de 82.200   05
                                                 3.845.584 fr. 10

« Le capital de garantie et les 3,845,584 fr. 10 ci-dessus
sont représentés par immeuble n° 8, rue du Stand, à Genève,
créances, fonds divers et par argent en caisse ».

Il résulte de l'examen du tableau synoptique accompagnant l'extrait qui précède, que la marche qu'ont suivie
les opérations de la Caisse mutuelle de Genève, dans cette
période de vingt années — de 1874 à 1893 — a été sans
cesse progressive. En voici le résumé :

Nombre de comptes ouverts en 20 ans : *25,326.*

Total des sommes versées en 20 ans		*8.673.622 fr. 26*	
Total des intérêts et répartitions bonifiés	1.188.045 fr. 73	7.286.329 · 67	
Total des remboursements	6.093.283 94		
Sommes dûes aux déposants ...	3.763.384 05	3.845.584 10	
Montant d'intérêts non répartis	82.200 05		

Ces chiffres montrent :

1° Que la moyenne des comptes ouverts chaque année a
été de 1,266. Toutefois, elle s'est élevée sensiblement dans
les dernières années. On en compte 1,518, en 1891 ; 2,036,
en 1892 ; 2,224, en 1893 ;

2° Que les bénifices ont dû dépasser le chiffre de
1,500,000 fr. — puisqu'ils ont permis de distribuer
1,188,045 fr. 73 et qu'il reste à distribuer une somme
disponible de 82.200 fr. 05, au total 1.270,245 fr. 78. Et que,
d'autre part, la Caisse a une réserve de 50,000 fr., et qu'il
a fallu couvrir les frais généraux de gestion.

Nous ajouterons, enfin, que le taux d'intérêt de 4 °/₀ qui
a été constamment servi aux déposants, est recherché
actuellement par bon nombre de rentiers, voir même de
capitalistes.

En reproduisant ici les documents qui nous été communiqués avec tant d'empressement par MM. les fondateurs
de la Caisse mutuelle de Genève, nous serions heureux de
stimuler le dévouement de quelques capitalistes épris de
philanthropie, de susciter dans la région normande des
imitateurs de ce qui existe en Suisse : des fondateurs
d'une Caisse mutuelle à la portée des humbles et les
incitant à l'épargne. Les résultats obtenus par la Caisse
de Genève nous semblent de nature à faire naître dans
notre pays des idées d'imitation, sinon d'initiative.

A propos de celte Caisse fondée si héureusement par MM. Fatio el Cie — un nom qui n'est pas inconnu à Rouen — on nous écrivait tout récemment de Suisse, que « cette entreprise a trouvé de suite une joyeuse clientèle parmi la jeunesse et que c'est toujours un spectacle amusant de voir ces jeunes capitalistes apporter leurs petits sous. »

Eh bien! je me demande pourquoi cette institution ne prendrait-elle pas racine ur les rivages de la Seine aussi bien que là-bas sur les bords du Rhône?

Serait-ce que nous n'aurions pas au même degré, nous autres Normands, cet esprit de prévoyance et de persévérance, non plus que les habitudes de tempérance que l'on remarque chez les habitants de plusieurs cantons de la Confédération Helvétique ?

— La chose vaut, il me semble, la peine d'être expérimentée.

En résumé, nous croyons avoir montré par les exemples qui précèdent, que les plus petites épargnes donnent des résultats appréciables, et que le plus modeste travailleur doit s'en préoccuper.

Ne perdons pas de vue cette vérité, à savoir que si l'argent ne fait pas le bonheur, il aide singulièrement à éviter bien des malheurs.

L'homme, même jeune, a parfois des charges prématurées. Il a le devoir d'y subvenir et aussi de prévoir le cas où elles lui survivraient. Mais la charge qu'il a toujours est celle de son propre avenir; il doit donc songer à l'épargne.

A l'âge mur, dans la période active par excellence, la période de la production, nous voyons intervenir la loi de nature, qui nous fait apprécier les conditions de l'existence : dans un des plateaux de la balance s'accumulent les profits; dans l'autre, les charges. Il faut équilibrer le budget de la famille.

Arrivé à la vieillesse, alors qu'il cesse de produire, la plus légitime des préoccupations de l'homme est de savoir comment il pourra vivre. La vieillesse ne peut plus comme aux deux âges précédents faire rentrer dans son bilan le compte : « *Espérances* ». C'est alors que le vieillard ou tout être incapable de produire n'a qu'une issue, si ce qu'il a pu acquérir ne lui suffit pas : c'est l'assistance.

CONCLUSION

Depuis sa naissance jusqu'à sa mort, l'homme est astreint à l'épargne et à la prévoyance. Enfant ou vieillard, jeune homme ou d'âge mûr, il faudra toujours que l'on prévoie pour lui ou qu'il prévoie lui-même et pour les autres les conséquences de cet inéluctable aléa : la durée de la vie,

Qui du sort des humains est l'éternel problème!

TABLE DES MATIÈRES

Rouen. — Imprimerie BENDEROTTER, rue des Champs-Maillets. 11-13.